"十四五"国家重点出版物出版规划项目
交通运输科技丛书·公路基础设施建设与养护
跨海交通集群工程智能化运维系列丛书

人工岛水下结构智能化检测与评估

景强 高正荣 何杰 闫禹 肖雪露 著

人民交通出版社
北京

内容提要

本书依托国家重点研发计划项目"港珠澳大桥智能化运维技术集成应用"部分研究成果编写,是"跨海交通集群工程智能化运维系列丛书"之一,以港珠澳大桥人工岛为例,重点介绍了人工岛水下结构智能化检测和仿真评估关键技术。

本书首次创立了跨海通道人工岛的评定方法和技术体系,提出了涵盖人工岛检测监测、模型仿真和评估预警的成套技术,采用智能化设备和技术提高了人工岛监测、仿真和评估的效率,建立了人工岛专项评估系统并在工程实践中得到检验和应用。本书可为同类跨海集群工程智能化运维提供技术参考,也可作为工程管理和技术人员解决人工岛工程运维期智能化检测和评估问题的参考书。

图书在版编目(CIP)数据

人工岛水下结构智能化检测与评估 / 景强等著. —北京:人民交通出版社股份有限公司,2024.6
ISBN 978-7-114-19286-9

Ⅰ.①人… Ⅱ.①景… Ⅲ.①智能技术—应用—填海造地—水下基础—检测②智能技术—应用—填海造地—水下基础—评估 Ⅳ.①TU753.6-39

中国国家版本馆 CIP 数据核字(2024)第 026968 号

Rengongdao Shuixia Jiegou Zhinenghua Jiance yu Pinggu

书　　名:	人工岛水下结构智能化检测与评估
著 作 者:	景　强　高正荣　何　杰　闫　禹　肖雪露
责任编辑:	刘　彤　李　喆　潘艳霞
责任校对:	赵媛媛　龙　雪
责任印制:	刘高彤
出版发行:	人民交通出版社
地　　址:	(100011)北京市朝阳区安定门外外馆斜街 3 号
网　　址:	http://www.ccpcl.com.cn
销售电话:	(010)59757973
总 经 销:	人民交通出版社发行部
经　　销:	各地新华书店
印　　刷:	北京市密东印刷有限公司
开　　本:	787×1092　1/16
印　　张:	17
字　　数:	262 千
版　　次:	2024 年 6 月　第 1 版
印　　次:	2024 年 6 月　第 1 次印刷
书　　号:	ISBN 978-7-114-19286-9
定　　价:	90.00 元

(有印刷、装订质量问题的图书,由本社负责调换)

交通运输科技丛书编审委员会

(委员排名不分先后)

顾　问：王志清　汪　洋　姜明宝　李天碧

主　任：庞　松

副主任：洪晓枫　林　强

委　员：石宝林　张劲泉　赵之忠　关昌余　张华庆

　　　　郑健龙　沙爱民　唐伯明　孙玉清　费维军

　　　　王　炜　孙立军　蒋树屏　韩　敏　张喜刚

　　　　吴　澎　刘怀汉　汪双杰　廖朝华　金　凌

　　　　李爱民　曹　迪　田俊峰　苏权科　严云福

跨海交通集群工程智能化运维系列丛书
编审委员会

主　任：郑顺潮

副主任：（排名不分先后）

　　　　陈　纯　　张建云　　岳清瑞　　叶嘉安
　　　　滕锦光　　宋永华　　戴圣龙　　沙爱民
　　　　方守恩　　张劲泉　　史　烈　　苏权科
　　　　韦东庆　　张国辉　　莫垂道　　李　江
　　　　段国钦　　景　强

委　员：（排名不分先后）

　　　　汤智慧　　苗洪志　　黄平明　　潘军宁
　　　　杨国锋　　蔡成果　　王　罡　　夏　勇
　　　　区达光　　周万欢　　王俊骅　　廖军洪
　　　　汪劲丰　　董　玮　　周　波

《人工岛水下结构智能化检测与评估》编写组

丛书总主编：景　强

主　　　编：景　强　高正荣　何　杰　闫　禹

　　　　　　肖雪露

参　　　编：(排名不分先后)

　　　　　　李国红　夏子立　陈　忠　胡银洲

　　　　　　辛文杰　王兴刚　琚烈红　沈雨生

　　　　　　高祥宇　路川藤　徐贝贝　刘清君

　　　　　　周万欢　申　平

编 写 单 位：港珠澳大桥管理局

　　　　　　水利部交通运输部国家能源局南京水利科学研究院

　　　　　　中国船舶重工集团公司第七二二研究所

　　　　　　澳门大学

总序 GENERAL FOREWORD

科技是国家强盛之基,创新是民族进步之魂。中华民族正处在全面建成小康社会的决胜阶段,比以往任何时候都更加需要强大的科技创新力量。党的十八大以来,以习近平同志为核心的党中央做出了实施创新驱动发展战略的重大部署。党的十八届五中全会提出必须牢固树立并切实贯彻创新、协调、绿色、开放、共享的发展理念,进一步发挥科技创新在全面创新中的引领作用。在最近召开的全国科技创新大会上,习近平总书记指出要在我国发展新的历史起点上,把科技创新摆在更加重要的位置,吹响了建设世界科技强国的号角。大会强调,实现"两个一百年"奋斗目标,实现中华民族伟大复兴的中国梦,必须坚持走中国特色自主创新道路,面向世界科技前沿、面向经济主战场、面向国家重大需求。这是党中央综合分析国内外大势、立足我国发展全局提出的重大战略目标和战略部署,为加快推进我国科技创新指明了战略方向。

科技创新为我国交通运输事业发展提供了不竭的动力。交通运输部党组坚决贯彻落实中央战略部署,将科技创新摆在交通运输现代化建设全局的突出位置,坚持面向需求、面向世界、面向未来,把智慧交通建设作为主战场,深入实施创新驱动发展战略,以科技创新引领交通运输的全面创新。通过全行业广大科研工作者长期不懈的努力,交通运输科技创新取得了重大进展与突出成效,在黄金水道能力提升、跨海集群工程建设、沥青路面新材料、智能化水面溢油处置、饱和潜水成套技术等方面取得了一系列具有国际领先水平的重大成果,培养了一批高素质的科技创新人才,支撑了行业持续快速发展。同时,通过科技示范工程、科技成果推广计划、专项行动计划、科技成果推广目录等，推广应用了千余项科研成果，有力促进了科研向现实生产力转化。组织出版"交通运输建设科技丛书"，是推进科技成果公开、加强科技成果推广应用的一项重要举措。"十二五"期间，该丛书共出版72册，全部列入"十二五"国家重点图书出版规划项目，其中12册获得国家出版基金支持，6册获中华优秀出版物奖图书提名奖，行业影响力和社会知名度不断扩大，逐渐成为交通运输高端学术交流和科技成果公开的重要平台。

"十三五"时期，交通运输改革发展任务更加艰巨繁重，政策制定、基础设施建设、运输管理等领域更加迫切需要科技创新提供有力支撑。为适应形势变化的需要，在以往工作的基础上，我们将组织出版"交通运输科技丛书"，其覆盖内容由建设技术扩展到交通运输科学技术各领域，汇集交通运输行业高水平的学术专著，及时集中展示交通运输重大科技成果，将对提升交通运输决策管理水平、促进高层次学术交流、技术传播和专业人才培养发挥积极作用。

当前，全党全国各族人民正在为全面建成小康社会、实现中华民族伟大复兴的中国梦而团结奋斗。交通运输肩负着经济社会发展先行官的政治使命和重大任务，并力争在第二个百年目标实现之前建成世界交通强国，我们迫切需要以科技创新推动转型升级。创新的事业呼唤创新的人才。希望广大科技工作者牢牢抓住科技创新的重要历史机遇，紧密结合交通运输发展的中心任务，锐意进取、锐意创新，以科技创新的丰硕成果为建设综合交通、智慧交通、绿色交通、平安交通贡献新的更大的力量！

2016 年 6 月 24 日

序 FOREWORD

　　随着国民经济的不断发展，离岸人工岛正迅速崛起，并在多个领域呈现出蓬勃的发展势头。为了保障港珠澳大桥人工岛上桥梁段和隧道段的结构稳定以及岛上交通设施的正常运行，跨海交通人工岛对于结构安全稳定的要求远高于一般的人工岛。位于外海海域，面对复杂的海洋地质环境，受风、浪、流等海洋动力环境的影响更为显著，人工岛在运营期间面临着自然和人为因素的多方面影响和威胁。

　　本书以港珠澳大桥人工岛为案例，重点探讨了人工岛的水下结构智能化检测和仿真评估技术。港珠澳大桥地处珠江入海口的伶仃洋海域，人工岛所在海域水深流急。平常条件下海况条件较好，但在台风等极端天气下产生的海床局部冲淤、波流荷载和岛顶越浪等会对大桥的运维安全产生一定影响。研发全息感知设备、制定桥岛隧一体化评估准则，成为港珠澳大桥运营和延寿的关键技术需求。

　　本书对岛体沉降、海洋动力要素和水下地形等开展了监测和分析，包括挡浪墙的越浪量、周边海床的冲淤情况以及岛桥结合段的波流力、桥墩冲刷等内容，为人工岛的运营维护提供了坚实的技术支持。本书还通过人工岛数字化模型，将人工岛结构单元信息与检测、评估信息相互关联。针对人工岛在运营期间所面临的结构演变和海洋环境双重影响因素，提出了将人工岛评估分为技术状况评估和适应性评估两大类。该系统根据实时监测到的岛体沉降数据、海洋水文数据和水下地形数据，对人工岛的整体稳定能力、防淹没能力和抗冲刷能力进行了专项评估。这些成果为国内外跨海集群工程智能化运维提供了丰富的借鉴和参考，为未来类似项目的顺利实施提供了宝贵经验。

2024 年 4 月 15 日

前言 PREFACE

  港珠澳大桥地处珠江口伶仃洋海域，是现今世界上建设规模最大、运营环境最复杂的跨海集群工程，代表了我国跨海集群工程建设的最高水平。为攻克跨海重大交通基础设施智能运维技术瓶颈，示范交通行业人工智能和新基建技术落地应用，港珠澳大桥管理局统领数十家参研单位，依托国家重点研发计划"港珠澳大桥智能化运维技术集成应用"、广东省重点领域研发计划"重大跨海交通集群工程智能安全监测与应急管控"、交通运输领域新型基础设施建设重点工程"数字港珠澳大桥"、交通强国建设试点任务"用好管好港珠澳大桥"等开展技术攻关，将港珠澳大桥在智能运维方面的积极探索以关键技术的方式进行提炼，共同撰写了"跨海交通集群工程智能化运维系列丛书"。丛书的出版，对促进传统产业与新一代信息技术融通创新具有重要意义，为国内外跨海集群工程智能化运维提供了丰富的借鉴和参考。

  本书围绕人工岛的水下结构智能化检测和仿真评估技术做了以下研究：①提出适用于跨海交通集群设施水下结构环境荷载推算的成套计算公式。通过现场监测数据和仿真模型试验结果，首次提出了跨海交通设施人工岛、桥梁、隧道以及岛桥、岛隧结合部水下结构环境荷载推算的成套计算公式，包含桥墩波流压力、人工岛波浪爬高与越浪量、桥墩基础冲刷深度和隧道覆盖层回淤厚度的计算公式，提高了桥岛隧复杂结构环境荷载响应的计算效率。②首次编制跨海通道人工岛的评定标准，提出了人工岛适应性评定的概念和实施办法。目前国内外缺少针对跨海通道人工岛评定方面的理论方法和技术规范，根据人工岛运营期的结构本身演变和海洋环境双重影响因素，创新性提出了将人工岛评定分为技术状况评定和适应性评定两大类。人工岛适应性评定的三项指标分别为岛体沉降、堤顶越浪和堤前冲刷，通过仿真模型试验和大量现场监测数据，制定了三项适应性指标的等级划分标准和评定实施办法。③构建了基于多源数据融合的人工岛专项评估系统。研发了集海洋水文观测、环境荷载仿真重构和评估、预警于一体的人工岛专项评估系统，实现了人工岛的实时监测、智能仿真、在线评估与预警功能。人工岛评估系统可实时监测到岛体沉降数据、海洋水文数据和水下地形数据，根据编制的适应性指标评定标准，对人工岛的总体稳定能力、防淹没能力和抗冲刷能力进行智能化评定，对指标评定过程中出现的异常情况进行实时预警。

本书共分9章，第1章介绍了人工岛的发展历史和港珠澳大桥人工岛的相关情况。第2章介绍了人工岛的数字化模型和人工岛的评定方法。第3章介绍了人工岛的监测与检测，主要包含岛体稳定性与结构监测、海洋动力监测、波流力与越浪监测以及水下地形检测。第4章介绍了人工岛越浪仿真与评估。第5章介绍了人工岛水沙动力仿真和堤前冲刷。第6章介绍了岛桥段波流力仿真与评估。第7章介绍了岛桥段桥墩冲刷和评估。第8章介绍了人工岛评估系统。第9章为成果与展望。

限于作者的水平和经验，书中错漏之处在所难免，恳请读者批评指正。

作　者

2024年1月

目录 | CONTENTS

第 1 章 绪论

1.1 研究背景 …………………………………………………… 002
  1.1.1 桥岛隧一体化评估需求 …………………………………… 002
  1.1.2 人工岛功能提升需求 ……………………………………… 004

1.2 人工岛建设发展过程 …………………………………………… 005
  1.2.1 围海造地 ……………………………………………………… 005
  1.2.2 近岸人工岛 …………………………………………………… 006
  1.2.3 离岸人工岛 …………………………………………………… 007

1.3 港珠澳大桥人工岛 ……………………………………………… 007
  1.3.1 工程概况 ……………………………………………………… 007
  1.3.2 岛壁结构工程 ………………………………………………… 009
  1.3.3 其他附属设施 ………………………………………………… 011

1.4 研究途径 …………………………………………………………… 013

本章参考文献 …………………………………………………………… 015

第 2 章 人工岛数字化模型与评定标准

2.1 人工岛数字化模型 ……………………………………………… 018
  2.1.1 结构单元划分 ………………………………………………… 018

  2.1.2 结构数据标准化 ·· 019
  2.1.3 人工岛数据模型 ·· 022
 2.2 评定理论与方法 ··· 027
  2.2.1 评定理论 ·· 027
  2.2.2 评定方法 ·· 028
 2.3 评定流程与等级划分 ··· 030
  2.3.1 评定流程 ·· 030
  2.3.2 等级划分 ·· 031
 2.4 适应性指标评定 ··· 033
  2.4.1 岛体稳定能力 ·· 034
  2.4.2 防淹没能力 ·· 034
  2.4.3 抗冲刷能力 ·· 035
 2.5 技术状况指标评定 ··· 036
  2.5.1 护岸结构 ·· 036
  2.5.2 防洪排涝设施 ·· 038
  2.5.3 附属结构及设施 ·· 043
  2.5.4 救援码头 ·· 054
 2.6 人工岛评定元数据 ··· 058
  2.6.1 元数据模型 ·· 058
  2.6.2 人工岛评定作业 ·· 059
  2.6.3 技术状况评定任务 ·· 059
  2.6.4 适应性评定任务 ·· 060
  2.6.5 评定报告 ·· 062
 2.7 本章小结 ··· 063
 本章参考文献 ··· 063

第 3 章　人工岛监测与检测

 3.1 岛体稳定性与结构监测 ··· 066
  3.1.1 岛体稳定性监测 ·· 066
  3.1.2 人工岛结构检测 ·· 068

3.2 海洋动力监测 ··· 071
　3.2.1 监测设备与方法 ·· 072
　3.2.2 智能化技术应用 ·· 078
　3.2.3 成果应用 ·· 080
3.3 波流力与越浪量监测 ·· 081
　3.3.1 监测方案 ·· 081
　3.3.2 监测设备与方法 ·· 085
　3.3.3 智能化技术应用 ·· 090
　3.3.4 监测成果分析 ··· 091
3.4 水下地形检测 ·· 093
　3.4.1 检测方案 ·· 093
　3.4.2 检测设备与方法 ·· 096
　3.4.3 智能化技术应用 ·· 102
　3.4.4 检测成果分析 ··· 103
3.5 本章小结 ··· 108
本章参考文献 ··· 108

第 4 章　人工岛越浪仿真与评估

4.1 概述 ·· 112
4.2 物理模型试验 ·· 114
　4.2.1 试验设备与仪器 ·· 114
　4.2.2 仿真试验方法 ··· 114
4.3 成果分析 ··· 118
　4.3.1 波浪爬高 ·· 118
　4.3.2 越浪量 ·· 125
4.4 评估方法与应用 ·· 130
　4.4.1 评估方法 ·· 130
　4.4.2 评估应用 ·· 133
4.5 本章小结 ··· 138
本章参考文献 ··· 139

| 第 5 章 |　　人工岛水沙动力仿真和堤前冲刷

5.1　概述 ……………………………………………………………… 142
5.2　仿真模拟 …………………………………………………………… 143
　　5.2.1　基本原理 ……………………………………………………… 143
　　5.2.2　计算方法 ……………………………………………………… 147
5.3　成果分析 …………………………………………………………… 152
5.4　评估方法与应用 …………………………………………………… 155
　　5.4.1　冲刷深度阈值 ………………………………………………… 155
　　5.4.2　冲刷风险评估 ………………………………………………… 157
5.5　本章小结 …………………………………………………………… 159
本章参考文献 …………………………………………………………… 159

| 第 6 章 |　　岛桥段波流力仿真与评估

6.1　概述 ……………………………………………………………… 162
6.2　物理模型试验 ……………………………………………………… 163
　　6.2.1　试验仪器和设备 ……………………………………………… 163
　　6.2.2　模型设计 ……………………………………………………… 165
　　6.2.3　试验方法和过程 ……………………………………………… 167
6.3　成果分析 …………………………………………………………… 169
　　6.3.1　规则波 ………………………………………………………… 169
　　6.3.2　不规则波 ……………………………………………………… 186
6.4　评估方法与应用 …………………………………………………… 194
6.5　本章小结 …………………………………………………………… 196
本章参考文献 …………………………………………………………… 196

| 第 7 章 |　　岛桥段桥墩冲刷评估

7.1　概述 ……………………………………………………………… 200
7.2　桥墩基础冲刷模拟 ………………………………………………… 203

  7.2.1　模型试验设计 ·· 203
  7.2.2　桥墩基础局部冲刷形态分析 ·································· 208
  7.2.3　桥墩基础冲刷计算公式 ······································· 211
 7.3　评估方法及应用 ·· 217
  7.3.1　桥梁基础承载力 ·· 217
  7.3.2　桥梁基础冲刷承载力影响分析 ································ 221
  7.3.3　桥墩基础冲刷风险评估方法 ··································· 226
 7.4　本章小结 ·· 229
 本章参考文献 ··· 229

第 8 章　人工岛评估系统

 8.1　系统概要 ·· 234
  8.1.1　设计思想 ··· 234
  8.1.2　设计约束 ··· 234
  8.1.3　功能边界 ··· 235
  8.1.4　数据来源 ··· 236
  8.1.5　评估标准 ··· 238
 8.2　系统首页 ·· 239
 8.3　水文要素 ·· 240
 8.4　专项评估 ·· 242
  8.4.1　岛体回填区沉降 ·· 242
  8.4.2　堤前冲刷 ··· 243
  8.4.3　堤顶越浪 ··· 244
 8.5　专项汇总 ·· 245
 8.6　本章小结 ·· 246

第 9 章　成果与展望

 9.1　主要成果 ·· 248
 9.2　展望 ·· 249

索引

CHAPTER 1 | 第 1 章

绪论

1.1 研究背景

1.1.1 桥岛隧一体化评估需求

港珠澳大桥地处珠江入海口的伶仃洋海域,是在海洋环境下建造和运营的跨海集群工程,是连接香港特别行政区、广东省珠海市、澳门特别行政区的大型跨海通道。大桥工程集桥岛隧于一体,全长约55km,其中跨海主体工程长度约29.6km,穿越伶仃航道和铜鼓西航道段为6.7km的沉管隧道,东、西两端各设置一个海中人工岛(蓝海豚岛和白海豚岛)。

港珠澳大桥代表了我国交通基础设施建设的最高水平,是我国从"交通大国"迈向"交通强国"的标志性工程。同时,港珠澳大桥是现今世界上建设规模最大、运营环境最复杂的跨海集群工程,设计使用年限120年。大桥工程长期承受风、浪、洋流、温度、盐雾、船撞、地震等复杂因素的耦合作用,面临着桥梁、人工岛、沉管隧道协同服役的安全性、稳定性和耐久性难题。充分有效的运营与维护是交通基础设施持久安全服役的基本保障,直接关系到设计使用寿命、经济社会效益的实现。因此,研发全息感知设备、制定桥岛隧一体化评估准则,成为港珠澳大桥运营和延寿的关键技术需求。

目前,我国已经形成了一套较为完善的跨海桥梁结构的检测、监测与评估技术体系,并在大量的工程中得到了应用和发展,为跨海桥梁结构提供了有效的保障和管理手段。然而,港珠澳大桥人工岛作为桥隧转换设施的应用在国内尚属首次,关于人工岛评定和沉管隧道评定的理论方法和技术体系在国内外都处于空白,缺乏可参考的技术规范和标准。目前在集群工程服役状态维养领域,国内外运营及科研人员主要针对单一结构设施及特定服役阶段,导致各组成部分的评估体系相互割裂,不可避免地造成了"信息孤岛",制约了运维决策的协同联合及高质量、高效率实施。而对于建设规模更大、运营难度更高、涉及领域更多的跨海集群交通基础设施维养决策,无法单纯依靠人工巡检、随机抽查以及限制荷载等传统方法,现行标准规范所提供的评定方法及实施办法难以高度契合智能运维与决策,尤其是对于港珠澳大桥这种由桥梁、人工岛与沉管隧道组成的超大跨海集群工程，迫切需要建立全方位感知、系统化评估及智能化维养体系。

针对以上问题，国家重点研发计划项目"港珠澳大桥智能化运维技术集成应用"提出桥岛隧结构一体化评估体系，如图1.1-1所示，建立了桥岛隧不同设施类型的"技术状况评定—适应性评定—综合评定"评估方法与标准，创立了"数据感知—仿真分析—结构响应—结构评定"业务链条，为桥岛隧服役状态评估奠定理论基础，实现对桥岛隧结构服役安全性能、适用性能、耐久性能等综合性能的评估。进一步研发了桥梁、人工岛、沉管隧道服役性能仿真在线评估及分级预警系统，实现了桥岛隧结构服役性能的实时评估与分级预警。

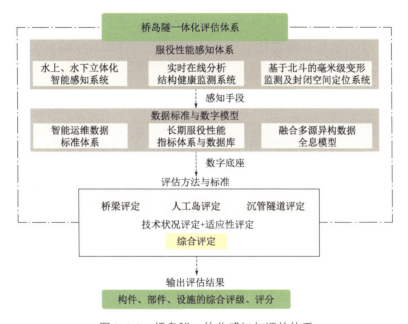

图1.1-1 桥岛隧一体化感知与评估体系

本书是在港珠澳大桥桥岛隧结构一体化评估体系的关键一环——人工岛评定的工程背景下，基于国家重点研发计划项目"港珠澳大桥智能化运维技术集成应用"课题二的子课题一"人工岛及水下结构荷载重构、智能仿真、在线评估与预警技术"，从桥岛隧一体化评估体系框架出发，围绕港珠澳大桥人工岛服役海洋环境和工程本身结构特点，开展人工岛海洋动力环境观测、人工岛环境荷载计算、人工岛评估理论方法和人工岛评估系统等关键技术研究，最终形成人工岛服役状态感知、评估和预警技术保障体系。相关研究成果能够为行业内人工岛智能运维的应用研究提供成果借鉴，推动传统领域与新兴人工智能技术的结合和应用，加速我国交通强国建设战略目标的实现进程。

1.1.2 人工岛功能提升需求

人工岛作为跨海交通集群设施的重要组成部分,承担了海上桥梁和海底隧道的衔接转换功能。人工岛要保证自身稳定耐久、控制岛内地基沉降,为岛上建筑物提供防浪、防冲、防船撞等保护条件。对于外海的人工岛,不仅要考虑岛体所在的地质环境,更要考虑风、浪、流等复杂海洋环境对人工岛稳定的长期累计影响。因此,为保障岛上桥梁和隧道段的结构稳定和岛上道路的正常使用,跨海交通人工岛要比普通人工岛在结构安全稳定方面的要求更高。人工岛运维期所面临的岛体本身结构演变和外部环境影响因素错综复杂,通过提高人工岛的检测监测、模型仿真和评估预警技术,可有效保障人工岛运营期的正常运行,提高人工岛使用寿命。

本书以港珠澳大桥人工岛为例,重点围绕人工岛的水下结构智能化检测、仿真评估技术及其应用等内容展开论述。港珠澳大桥横跨珠江口的伶仃洋水域,水下地形多变,水沙环境复杂,人工岛工程在运营期面临着多种潜在安全风险。人工岛建在深厚软土地基上,岛体存在整体沉降或不均匀沉降的可能性,极端天气下作用于人工岛的波浪荷载和越浪会影响岛隧运行安全。岛桥结合部是波流能集中的部位,接岛桥面高程较低,易受波流力冲击,可能对岛桥结合部的结构安全产生不利影响。岛隧结合部的隧道荷载存在突变,波流作用引起局部冲刷,可能影响岛隧结合部防护结构稳定。在工程运维期需要通过加强实时监测、评估和预警,及时消除安全隐患,实现对人工岛服役状态的全过程监控,减小工程结构物发生风险事件的概率。

人工岛在运维阶段面临的问题与设计阶段有相似之处,也有不同之处,主要差异体现在运维期对人工岛的结构监测和技术状况评定方面。通过检测和监测手段可以及早发现人工岛结构本身以及周边海洋环境影响带来的问题,运维期的状况评定是对人工岛结构本身和所处海洋环境的评判,根据状况等级评定结果采取恰当的维养措施。

人工岛在运维期面临的主要问题有以下几个方面:

(1)目前针对人工岛结构本身的检查和监测主要依靠人工手段,智能化检测设备和手段应用较少。海洋动力环境是影响岛体稳定的一个重要因素,而针对海洋动力环境的长期连续监测则比较少见。

（2）人工岛结构本身存在大量的构件，在人工岛检测、监测以及评估过程中都会产生大量的数据，针对海量数据进行分析和管理将是人工岛运维期面临的一大难题。

（3）相对于跨海桥梁，人工岛评定缺少成熟的理论方法和技术体系。应通过制定人工岛评定技术标准，提高人工岛运行状况的评估效率，提出相应的维养措施建议。

（4）跨海桥梁有比较成熟的评定方法，人工岛和沉管隧道的评定技术发展较晚。港珠澳大桥作为桥岛隧集群设施，在桥岛隧一体化评估的背景下，应建立与人工岛评定适应的评定方法，形成统一的评定标准体系。

1.2 人工岛建设发展过程

人工岛的发展经历了漫长的时间，不同学者对人工岛有着不同的见解。有学者认为，人工岛是这样一类建筑的普遍概念，它包括了诸如荷兰填筑低地，多种港口浮动建筑以及大多为近海油气工业而设计的建筑。日本的中村丰认为，一般把离岸 1～5km、水深 20～50m 的海域范围内建造的人工岛叫作海上人工岛。中国的学者则认为，广义地说，海上石油平台都可以叫作人工岛，但人们一般把用土、石、混凝土从海底建筑起来的海中孤立建筑物叫作人工岛。综合中外学者对人工岛的定义，作者认为，人工岛的概念是相对于自然岛屿或天然岛屿而言的，是人类在政治、军事、经济、环保等社会活动中，出于各种目的，用建筑材料在海上建成的陆地化的工作与生存空间。广义的理解应包括沿岸向海的拓地、海上孤立的建造物，而狭义的理解则是海上相对孤立的建筑物。

随着经济的发展，沿海区域面临越来越严峻的工业用地紧张、人口拥挤、人类生活空间不足等问题，沿海城市越来越迫切建造人工岛，不断向海洋拓展生活空间。国内外人工岛大致经历了三个发展阶段。

1.2.1 围海造地

第一阶段为人工岛发展的雏形阶段，主要为解决工业厂区、居民住房用地或农业用地紧张等问题,进行围海造地或围垦内河,如我国在渤海湾、东海、黄海、南海沿海等地区实施了大量的围海造地工程。

人工岛的发展,首先是从围海造田开始的。日本在 7 世纪初就有了围海造田的记载。13 世纪中叶,荷兰人为了解决农业用地,开始在滨海地区人工填海围垦。17 世纪,他们建造了 Ieeland 人工岛。从那时起,荷兰的围海造田和人工岛技术开始传入世界各国,并帮助法国在巴黎的塞纳河河床上建造了圣路易斯人工岛。自 13 世纪至今,荷兰通过围海造田,至少新增了 20% 的国土面积(约 7000km^2),并通过围海造田发展了人工岛技术。20 世纪 20 年代,荷兰奠定了现代人工岛施工机械和施工技术的基础。

我国明代嘉靖年间(1522—1566 年)已有建造人工岛的文字记载。江苏北部滨海淤积平原上,散布着很多高数米至十多米的土墩台残丘。这些数以百计的土墩台是过去因渔业、盐业和军事的需要,在潮间带的海滩上修建的,涨潮时耸立于海涛之中。随着海岸线东移,并入陆地的大部分土墩台被削平,少数至今仍保存良好。土墩台按其作用不同分为渔墩、潮墩和烟墩等。渔墩是渔民在海上捕捞或养殖时作为候潮、储存淡水与食物、整理渔具、躲避暴风雨的临时活动场所。其一般修建在靠近低潮位的滩地上,用滩土和贝壳堆成,台上筑有可以居住的棚舍。海岸线外移过程中,渔墩便成为沿海第一批新定居点。潮墩为盐民作业时,躲避大潮或风暴以保障生命安全的墩台。其墩高一般约 10m,墩顶超出秋汛大潮和风暴潮的高潮位;墩顶直径约为 17~18m,底部直径约 30m;周围栽榆树、柳树等树木加固墩土并抵御风浪袭击。烟墩又称烽火墩,是保卫海防的一种军事设施。在沿海低潮位以外的滩地上,用人工堆成土墩,高 15~20m,每墩有 2~5 名士兵看守,遇有紧急情况燃烽火报警。

1.2.2　近岸人工岛

第二阶段为近岸人工岛。近岸人工岛建造在离岸不远的浅水区,通常与陆地通过桥梁或堤坝联系,它们的用途与第一阶段人工岛相比明显增强。如日本神户市的港岛、横滨市的扇岛、大阪湾的凤凰岛、阿联酋的棕榈岛等项目,我国洋山深水港区、曹妃甸港区工程。这个阶段的人工岛在建造技术和功能设计上日趋完善并逐步走向成熟。

17世纪后半叶,为了防御的需要,日本政府在东京湾内修建了6个人工岛,并在岛上建起了海上防御炮台,其中2个遗留至今并已成为国家历史景点。19世纪末和20世纪初,日本在东京湾入口水深30~40m处附近,又建造了3个海洋要塞岛。20世纪50年代至70年代,日本为了适应经济腾飞对土地的需求,建设了许多人工岛并开垦了大量土地。

1.2.3 离岸人工岛

第三阶段为离岸人工岛。离岸人工岛通常建造在离岸2~15km处,目的是利用远岸海洋空间,这类人工岛与陆地通常依靠海上交通和有限的航空联系,建岛处的水深通常为20~50m。

日本东京湾跨海通道采用离岸人工岛的方式连接两侧的桥梁和隧道。该通道于1997年开放,全长15.1km。海上部分由三大段组成,船舶航行较多的川崎侧采用海底盾构隧道,水深较浅的木更津侧采用海上桥梁,跨海通道的中间为川崎人工岛。

厄勒海峡大桥,全长16km,连接丹麦首都哥本哈根和瑞典第三大城市马尔默。该桥由西侧的海底隧道、中间的人工岛和跨海大桥三部分组成。西侧的海底隧道长4050m,宽38.8m,高8.6m,位于海底10m以下。中间的人工岛长4050m,将两侧的桥梁和隧道工程连在一起。东侧的跨海大桥长7845m,共有51座桥墩,主桥采用斜拉桥,跨径490m,为世界上承重最大的斜拉桥。

港珠澳大桥东、西两个人工岛作为跨海交通集群设施的重要组成部分,位于珠江河口湾的伶仃洋水域。人工岛距离东、西两岸分别为3km和20km,所在海域水深为8~10m。人工岛平面呈椭圆形,东、西两个人工岛东西方向长度均为625m,西人工岛南北向最宽处约183m,东人工岛南北向最宽处约215m,两个人工岛面积各约100000m^2。港珠澳大桥人工岛是我国在跨海交通领域典型的离岸人工岛工程。

1.3 港珠澳大桥人工岛

1.3.1 工程概况

港珠澳大桥海中人工岛分为东、西两个人工岛,作为海上桥隧间重要的连接枢纽,是集交通、管理、服务、救援和观光功能于一体的综合运营中心。人工岛的基本功能是实现海上桥梁与隧道的连接,同时可利用人工岛上富余土地在海中安排隧道救援、养护及服务设施。西人工岛位于海中,根据救援、养护设施的合理间距,确定西人工岛以满足项目管理功能为主,功能包括管理运营、养护救援。东人工岛距离香港较近,除基本的管理养护功能外,以旅游开发为主,功能包括旅游开发、养护救援。

岛隧工程是港珠澳大桥的控制性关键工程,其中两个人工岛的面积各约100000m²,水深8～10m,软土层厚度20～30m,采用直径22m的钢圆筒插入不透水黏土层形成止水型岛壁结构,回填砂形成陆域,采用塑料排水板联合降水预压方案进行软基处理。两个人工岛整体效果见图1.3-1和图1.3-2。

图1.3-1　西人工岛整体图

图1.3-2　东人工岛整体图

西人工岛靠近珠海侧,东侧与隧道衔接,西侧与青州航道桥的引桥衔接,人工岛平面基本呈椭圆形,从人工岛挡浪墙外边线计算岛长625m,横向最宽处约183m,工程区域天然水深约8.0m,人工岛岛内回填顶面交工高程为4.26m。人工岛内隧道分为暗埋段和引道段,其中暗埋段起止位置为K12+588～K12+751,长度为163m;引道段起止位置为K12+751～K13+81,长度为330m,岛内隧道纵向坡度为2.98%。

东人工岛靠近香港侧,西侧与隧道衔接,东侧与桥深衔接,人工岛平面基本呈椭圆形,从人工岛挡浪墙外边线计算岛长625m,横向最宽处约215m,工程区域天然水深约为10.0m,人工岛顶面交工高程为4.26m。人工岛内隧道分为暗埋段和引道段,其中暗埋段起止位置为K6+924～K6+761,长度为163m;引道段起止位置为K6+761～K6+431,长度为330m,岛内隧道纵向坡度为2.98%。

1.3.2 岛壁结构工程

人工岛岛壁结构工程包括钢圆筒围堰、止水结构和护岸结构三大部分。

1) 钢圆筒围堰

钢圆筒围堰采用直径为22.0m的钢圆筒作为快速筑岛的主体结构。钢圆筒沿人工岛外围振沉至不透水层,壁厚16mm,最大筒高50.5m,最大振沉深度30.0m,西人工岛61个,东人工岛59个,共120个钢圆筒,如图1.3-3和图1.3-4所示。为满足钢圆筒振沉期间的强度要求,需对钢圆筒纵、横向,筒顶及筒底进行加固。钢圆筒工厂内预制,每个钢圆筒分上下两段拼装,每段钢圆筒垂直分6片板单元。

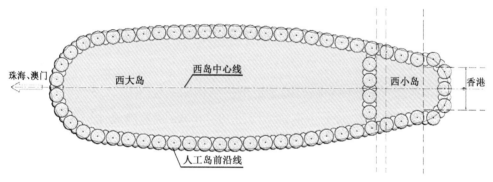

图1.3-3 西人工岛钢圆筒平面布置图

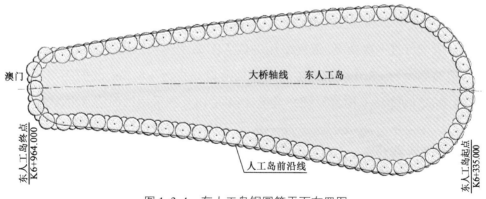

图1.3-4 东人工岛钢圆筒平面布置图

根据止水弧形钢板结构的相关研究成果,钢圆筒之间采用宽榫槽与弧形钢板组合的副格结构相连,弧形钢板半径3.0m、高32.0m;通过钢圆筒和副格,构筑安全、可靠的施工期隧道深基坑止水围护结构,实现快速整岛止水的同时,避免了传统围护结构的内部支撑结构,扩大了岛上隧道施工作业面,并为岛内外同步施工提供了条件。

2) 止水结构

围堰结构止水设计包括周边止水、底部止水和连接处止水三个关键部分。

(1) 周边止水。基坑四周通过钢圆筒、副格仓进入不透水层≥6.5m,实现整岛止水。

(2) 底部止水。底部止水采用三种措施:岛隧结合部的开挖深度优化至−18m,保留≥9m的淤泥质土不透水层,以防其下卧的黏土层中局部夹有透水通道而发生管涌;软基处理的塑料排水板不穿透黏土层,保持距离下卧砂层≥5m;采用塑料排水板替代砂桩作为软基处理的排水固结通道,缩小渗流管径。

(3) 钢圆筒与副格仓的连接止水。副格仓端部焊接T形锁口与钢圆筒宽榫槽相连,连接处填充止水材料,内侧采用高压旋喷作为备用止水措施。

3) 护岸结构

将永久的抛石斜坡堤和临时的隧道围护结构相结合,如图1.3-5所示。钢圆筒外侧采用抛石斜坡堤,堤心由倒滤结构和10~100kg块石组成,堤心外侧安放消浪性能良好的5t扭工字块体,块体下设置300~500kg垫层块石,在+3.0m高程处设置消浪戗台。坡脚采用100~200kg护底块石,人工岛外侧护坡扭工字块结构现状如图1.3-6所示。抛石斜坡堤基础采用部分开挖换填,下部软土采用挤密砂桩处理。经理论计算和物模试验验证,为提高人工岛内防越浪能力,东、西人工岛挡浪墙高程进行过一次变更,最终采用的西人工岛南侧挡浪墙高程为+9.5m,北侧挡浪墙高程为+8.0m;东人工岛南侧挡浪墙高程为+8.5m,北侧挡浪墙高程为+8.0m。为使岛上构筑物统一美观,挡浪墙内外侧采用饰面清水混凝土。

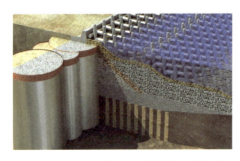

图1.3-5 "钢围堰+岛外侧抛石斜坡"组合结构示意

图1.3-6 人工岛外侧护坡扭工字块结构现状

1.3.3 其他附属设施

1) 救援码头

(1) 平面布置

为了满足港珠澳大桥在使用期间的应急救援要求,东、西人工岛北侧各设置综合救援码头一座,其中西人工岛救援码头位于人工岛西北侧,如图1.3-7所示。码头按190t级救援船舶靠泊进行设计。综合救援码头长65.0m,采用开孔消浪沉箱结构,预制沉箱尺寸为 $12.96m \times 8.6m \times 7.1m(L \times B \times H)$,由 2×3 个仓格组成,单个仓格面积约为 $14.0m^2$。

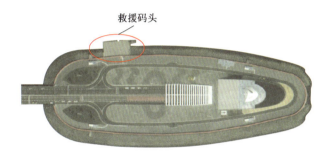

图1.3-7 西人工岛救援码头

(2) 码头结构实施方案

结合人工岛钢圆筒围护结构方案,由于施工期钢圆筒围护结构处于动态变化过程,钢圆筒结构存在往复位移,传统意义上的高桩结构难以适应该位移,同时桩基施工和两侧的抛石斜坡堤施工存在相互制约,且在外海环境,高桩梁板结构的耐久性不如重力式结构。考虑到钢圆筒外侧抛石斜坡堤的地基采用了挤密砂桩处理,参照国外软土地基挤密砂桩上重力式结构的应用经验,挤密砂桩法可作为对承载力要求高的重力式结构的基础。对于软土地基且后方有大量回填的重力式结构地基处理,其技术经济性能有较大的优势。因此在施工图设计阶段,结合人工岛工程设计方案和施工组织方便,救援码头采用以高置换率挤密砂桩为基础的重力式方案。

救援码头的主体结构采用顺岸开孔消浪式沉箱结构,即以人工岛北侧圆筒外边坡结构回填块石作为码头结构基础,这样既保证了人工岛的使用要求,又形成了独立的码头作业区域。堤心石和倒滤结构与人工岛护岸结构相同。沉箱搁置在堤心石上，沉箱以下的部分堤心石进行夯实处理。沉箱后方回填 10~100kg 块石。沉箱前面开孔消浪，内部回填 100~200kg 块石。沉箱上部现浇胸墙，码头面坡度 1.5%，码头前沿底部设置栅栏板护面。码头与人工岛交界处为挡浪墙，墙顶高程 6.5m。码头面中部与人工岛连线处，挡浪墙预留 2m 的通道，并浇筑 2m×2m 平台，平台顶高程 +5.0m。平台与码头面分别通过台阶和斜坡相连，斜坡坡度为 5%。码头前沿顶面安装 350kN 系船柱；前沿竖向配置 DA 型橡胶护舷 DA300H×2500，每个沉箱配置 2 个，间距 4.22m；前沿横向配置 D 型橡胶护舷 D300×360×1500。

2) 结构防腐试验站

港珠澳大桥工程材料腐蚀暴露试验站为我国首个外海环境下工程材料与结构的野外观测试验场，试验结果对高温、高湿、高盐的外海环境具有较好的代表性。

暴露试验站位于港珠澳大桥西人工岛救援码头一侧，下部采用沉箱结构，上部采用框架结构，设计使用寿命为 120 年，见图 1.3-8a)。设大气区、浪溅区、水位变动区和水下区等四个典型腐蚀分区，其中，水位变动区和水下区分别见图 1.3-8b)和图 1.3-8c)。暴露试验站总面积约 150m²，其中浪溅区暴露平台面积约 80m²，涵盖了典型海水环境所有腐蚀分区，试验站各区面积设置合理，能够满足野外观测场地的要求。

a)试验场地　　　　　　　　　　b)水位变动区

图　1.3-8

c)水下区

图 1.3-8 暴露试验站场地及试验区

1.4 研究途径

跨海交通人工岛在运营期面临的技术问题有共性和个性两大类。本书以港珠澳大桥工程的两个人工岛为例,从人工岛的个性特征可以反映出人工岛运营期所面临的共性技术问题。

港珠澳大桥两个人工岛处在伶仃洋大濠深槽两侧,所处位置为水深流急的海域。平常条件下,伶仃洋海域潮差较小、潮流不大、含沙量也相对较小,海况总体条件良好。伶仃洋海域时有台风和洪水发生,在极端天气下人工岛及其周边海床易产生较大的局部冲淤,工程结构局部波流荷载会发生大的改变。根据试验室系列模型试验结果,对人工岛挡浪墙的越浪量、波浪爬高、人工岛周边海床的冲刷、岛桥结合部桥梁的波流力、桥墩基础冲刷等环境荷载进行了试验和论证,推导出适合快速评估使用的环境荷载计算公式。通过日常检测和常态化监测、模型仿真和评估预警技术,可全天候、全方位监测人工岛结构本身和周边环境荷载的变化情况,建立人工岛评定方法和技术体系,对人工岛的运行状况进行综合评估,为人工岛的运行维护提供技术支撑。

针对人工岛运营期面临的科学问题和关键技术,综合采用现场观测数据提取、统计分析、数值模拟仿真、评估模型测试与故障评判、系统平台构建等多种方法开展系统研究。研究对象涵盖岛、桥、隧以及岛桥、岛隧结合部共五大部位,对各研究对象分别设置监测数据分析、仿真模型预测和评估预警体系三项研究任务。研究目标和技术框架如图 1.4-1 所示。

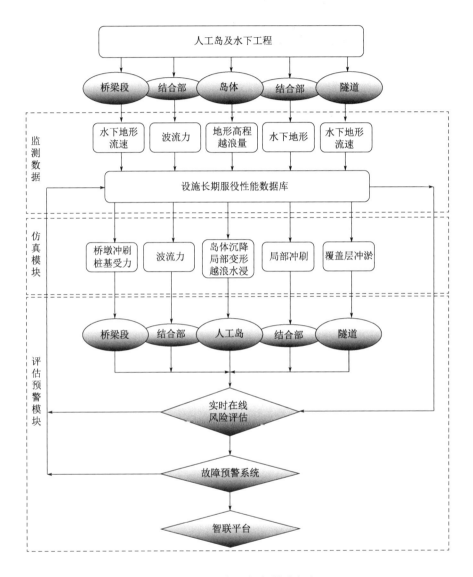

图 1.4-1 研究目标与技术框架

按照人工岛及水下工程不同部位服役状态下发生的潜在风险进行分类,开展的现场监测、检测、仿真和评估工作内容包括:设置水文动力要素基准站,研制桥区水文要素精准预报系统,研发典型桥梁基础冲刷和波流力荷载仿真及重构技术、沉管隧道覆盖层回淤的仿真模拟和评估技术、岛桥结合段上部结构波浪力监测评估技术、岛隧结合部冲刷和人工岛水浸及护岸稳定评估技术,构建实时在线评估与故障预警系统。

对于人工岛运维期面临的主要共性问题,提出如下解决思路:

(1)增加智能化检测设备和手段,在岛体沉降监测方面,采取"5G+北斗"技术提高岛体沉降数据的精度和效率;在水下地形检测方面,采用无人船提高水下地形测量效率,降低人工测量的风险;在海洋动力环境监测方面,采用5G传输技术提高现场观测数据实时在线传输的效率。

(2)建立跨海交通人工岛的评估理论方法和技术体系,通过相关技术规范和海洋环境荷载模型试验成果,制定评定指标的分级标准,编制形成人工岛评定的技术标准。

(3)针对人工岛结构以及检测、监测和评估过程中产生的大量数据,通过制定人工岛结构、检测和评定数据标准,对海量数据进行归类和管理,提高数据管理效率。

(4)在桥岛隧一体化评估的背景下,结合桥梁现有评定技术规范,将人工岛评定分为技术状况评定和适应性评定两大类,见图1.4-2。

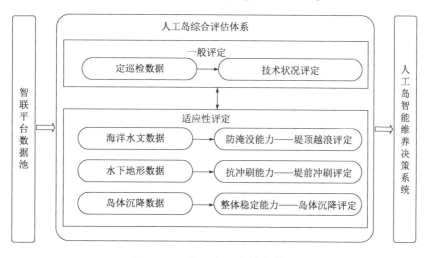

图1.4-2 人工岛评估技术体系

本章参考文献

[1] 丁海涛.国内外人工岛建设综述[C]//中国地球物理学会.海洋和综合地球物理发展研讨会论文集,2011.

[2] 林巍,梁杰忠,刘凌锋,等.沉管隧道与人工岛技术发展及展望[J].隧道建设(中英文),2021,41(12):2029.

[3] 中华人民共和国交通运输部.公路桥梁技术状况评定标准:JTG/T H21—2011[S].北京:人民交通出版社,2011.

CHAPTER 2 | 第 2 章

人工岛数字化模型与评定标准

本章根据人工岛的结构特点,按照部件、构件和子构件的层次对结构单元进行划分,通过数据模型创建技术建立了人工岛的数字化模型。人工岛评定分为技术状况评定和适应性评定两大类,相应的评定指标分为技术状况指标和适应性指标两类。评定指标建立在人工岛结构单元之上,属于结构单元的信息之一。通过人工岛评定数据标准,建立评定信息与结构单元之间的相关关系,这为人工岛数字化模型的拓展和评估系统的落地实施提供了技术支撑。

2.1 人工岛数字化模型

2.1.1 结构单元划分

根据人工岛结构形式、空间组成、施工工艺、受力特点、精细化养护需求等对结构单元进行层级划分。人工岛本身作为一个对象处理,按照部位组成可以分为岛体回填区结构、护岸结构、防洪排涝设施、附属结构及设施、救援码头五大部件。每个部件由不同数量的构件组成,具体构件组成可如表2.1-1所示。

人工岛结构单元划分表　　　　表2.1-1

人工岛部件		人工岛构件	
序号	部件名称	序号	构件名称
1	岛体回填区结构	1	岛体回填区
2	护岸结构	1	挡浪墙
		2	护面结构
		3	护底结构
		4	围护止水结构
		5	护岸基础
3	防洪排涝设施	1	排水箱涵
		2	泵房
		3	沟
		4	井
		5	阀
		6	管

续上表

人工岛部件		人工岛构件	
序号	部件名称	序号	构件名称
3	防洪排涝设施	7	池
		8	雨水箅子
		9	盖板
		10	泵机
4	附属结构及设施	1	路面铺装
		2	侧墙
		3	电缆沟
		4	照明设施
		5	检修设施
		6	景观广场
		7	岛内绿化
		8	岛上建筑
		9	暴露试验站
5	救援码头	1	码头结构
		2	码头设施

岛体回填区结构是人工岛的重要组成部分,岛体回填区作为一个整体形成构件。护岸结构为岛体回填区外侧的邻水部分,易受海洋环境影响造成结构破坏,由挡浪墙、护面结构、护底结构、围护止水结构和护岸基础等 5 个构件组成。防洪排涝设施指人工岛的排水设施,单独列为一类,主要由排水箱涵、泵房、沟、井、阀、管、池、雨水箅子、盖板和泵机等 10 个构件组成。附属结构及设施由路面铺装、侧墙、电缆沟、照明设施、检修设施、景观广场、岛内绿化、岛上建筑和暴露试验站等 9 个构件组成。救援码头分为码头结构和码头设施。

2.1.2 结构数据标准化

人工岛结构对象元数据包括人工岛元数据、构件元数据和子构件元数据,各类元数据的关联关系如图 2.1-1 所示。其他涉水人工岛结构数据标准化可参考进行类似扩展。人工岛结构在进行数据标准化时需进行分类和编码。

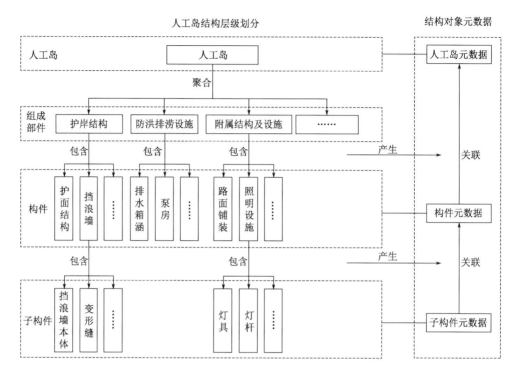

图 2.1-1　人工岛结构元数据模型

人工岛元数据需要描述人工岛的标识、几何、位置、设计等信息。人工岛信息包含行政区划代码、路线编号、建管养单位等相关信息,通过行政识别元数据和行政单位元数据对人工岛元数据进行扩展。人工岛元数据与人工岛行政识别元数据、人工岛行政单位元数据通过"唯一编码"数据元进行关联,两者的关联关系如图 2.1-2 所示。

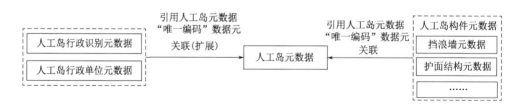

图 2.1-2　人工岛元数据关联关系

构件元数据需要描述人工岛构件的标识、几何、位置、设计、施工等信息,人工岛构件是人工岛的下一层级,人工岛构件元数据与人工岛元数据的关联关系如图 2.1-3 所示。构件元数据中设置"人工岛组成部件"数据元,描述构件所属人工岛组成部分。

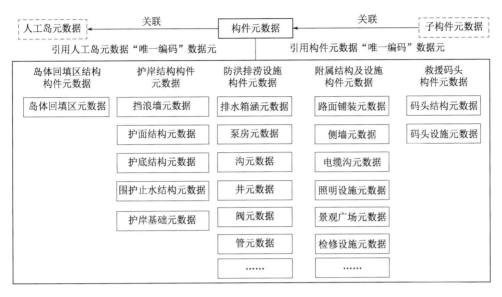

图 2.1-3 构件元数据关联关系

子构件元数据需要描述人工岛子构件的标识、几何、位置、设计、施工等信息，人工岛子构件是人工岛构件的下一层级，人工岛子构件元数据与人工岛构件元数据的关联关系如图 2.1-4 所示。

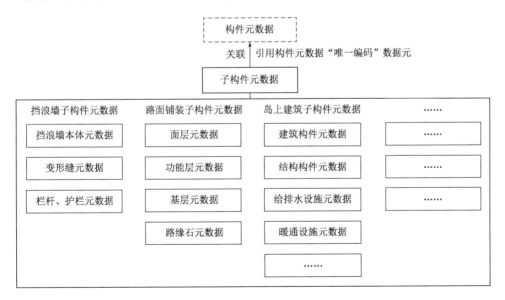

图 2.1-4 子构件元数据关联关系

通过建立人工岛数字模型，各构件/子构件在具有本身结构信息的同时，可以将人工岛检测和评定的相关信息附着在构件上，赋予构件/子构件新的使命。人工岛数字模型是进行人工岛高效管理和智能化运维的基础。

2.1.3 人工岛数据模型

从港珠澳大桥全生命周期业务协同出发,构建面向桥岛隧智能运维业务的全链条数据标准体系,采用元数据和元数据模型全面准确地表达运维阶段的结构静态信息和业务动态信息,同时考虑数据的互联互通,为桥岛隧集群工程运维全场景各业务集成、协同调度、及时响应等提供数据层面技术支持。基于自研数字模型构建平台和轻量化模型构建技术,将标准化的几何信息和非几何信息进行模型化和可视化,通过数据融合技术,解决港珠澳大桥运维中信息传递效率、使用准确性以及多源异构数据的融合与互联问题,从而降低运维技术难度,为港珠澳大桥智能运维提供高质量、高价值数据。

(1)数据标准与数字化离散

人工岛结构数字化离散指基于人工岛工程结构、空间位置方式对人工岛实体进行解构,并通过激光点云、倾斜摄影、数据模型创建等技术进行数据采集与模型构建等数字化呈现过程。跨海交通设施人工岛工程难度大、缺少以往经验,无论是评估、养护还是运营在国内外均缺少充足的经验与标准,单要素、单维度的解构无法将工程实体对象真正应用于数字化生产中,其中过度解构会造成工程实体对象过多、数字化成果体量过大,无论是最终结果的呈现或实际养护业务的应用都无法支持,而粗略的解构会造成数字化大桥以及人工岛与实体工程差异过大,无法支撑养护运维业务的开展。现行《建筑信息模型设计交付标准》(GB/T 51301)、《公路工程信息模型应用统一标准》(JTG/T 2420)等标准缺少对人工岛的针对性解析。同时,现行标准多以国际通用数据模型标准体系为框架。国际通用数据模型标准以建筑为基础,尚无对人工岛工程的拓展,虽然岛上建筑、机电等设施可以参照国际通用数据模型标准,但其体系整体是考虑与建筑体系的衔接与融合,对交通领域的针对性较弱,尤其是难以简单、高效地应用于人工岛结构的数字化离散,需要结合人工岛工程建设实际经验与养护运维业务需求,建立优化的信息模型构建标准。研究团队在粤港澳大湾区标准《桥岛隧智能运维数据标准体系 建设指南》(T/GBAS 1—2022)的基础上,编制了《桥岛隧智能运维数据 人工岛结构》(T/GBAS 50—2022)和《桥岛隧智能运维数据 交通工程设施结构》(T/GBAS 51—2022),充分考虑了跨海集群工程中人工岛实际养护运维需求和模型创建与展示的可行性，为港珠澳大桥的数字化离散提供数据标准基础。

《桥岛隧智能运维数据　人工岛结构》（T/GBAS 50—2022）和《桥岛隧智能运维数据　交通工程设施结构》（T/GBAS 51—2022）针对港珠澳大桥东西人工岛的建设经验，根据实际运维经验与需求对人工岛进行结构解析，建立统一的人工岛结构划分表，从部位、构件、子构件三层对人工岛结构进行类型层面的解构。同时，考虑到跨海通道人工岛的独特性、人工岛结构的创新性以及未来工程技术发展的可能性，支持人工岛结构划分方案在不同层级进行拓展，达到不增删原有结构即可对新增对象进行扩展并与原有数据融合。在此基础上，依据港珠澳大桥竣工图纸对建模对象进行实例层面的解构，并依此应用自主研发的大型国产数据模型创建软件进行数字模型创建，完成数字港珠澳大桥的信息化、可视化、图形化的"零状态"建构，如图 2.1-5 所示。

图 2.1-5　港珠澳大桥东人工岛模型

为满足港珠澳大桥智能化运维过程中的综合资产管理、监测检测、评定维养以及交通运营等实际应用场景的不同需求和各业务子系统对信息模型的调用要求，减少不同应用场景单独建模的大量重复性工作，在《公路工程信息模型应用统一标准》（JTG/T 2420—2021）对运维阶段模型精细度 L6.0 规定的基础上，将运维阶段的人工岛模型进一步划分为 L6.1、L6.2 以及 L6.3 三种精细度（表 2.1-2），为人工岛评估提供多维度、精细化的数字底座模型建构方法。不同精度模型成果如图 2.1-6～图 2.1-8 所示。

运维阶段模型精细度划分　　　　　　　　　　　表 2.1-2

模型精细度等级	精细度要求
L6.1	满足检测、运维作业规划的应用及展示需要,宜到部位或部件级
L6.2	满足人工或半自动化运维任务创建与实施的应用及展示需要,宜到构件或子构件级
L6.3	满足半自动化或自动化运维任务创建与实施的应用及展示需要,宜到子构件或零件级

图 2.1-6　东人工岛护岸结构 L6.1 模型

a)挡浪墙　　　　　　　　　　　　　　　b)护面块体

图 2.1-7　东人工岛 L6.2 模型

a)救援码头航标灯　　　　　　　　　　　b)救援码头胸墙

图 2.1-8　东人工岛 L6.3 模型

(2)数字模型的构建与可视化展示

提出模型轻量化技术。基于数据标准、结构解析和业务需求对数字模型的单体尺度要求进行信息模型创建,通过轮廓断面代替矢量路径控制点,在不损伤模型几何信息的基础上减小模型体量,充分发挥建模软件的共享单元机制,处理三维建模过程中结构类似构件,极大缩减文件体量。基于自主研发的国产建模平台开发辅助建模插件工具。对跨海通道人工岛的标准化构件进行构件库建设与参数化建模工具开发,支持不同人工岛模型的快速构建。通过开发自动化及半自动化插件,快速批量地完成海量信息的生成与录入工作。模型构建完成后,通过数据交换形式拟合项目整体空间坐标系,验证所有构件之间的拓扑关系;通过研究不同类型的构件属性在数据交互过程中形成了单元划分紊乱的问题,优化调整了模型构件绘制机理,确保模型单元划分层级稳定,融合了跨平台多专业的模型数据,进一步对数据进行解析、渲染,并进行自定义场景创建,从而支持业务系统对于信息模型的调用。

为了支持各业务系统不同应用场景的模型应用需求,满足不同精度、不同层级对象模型的实时切换,实现跨精度、跨层级、跨格式模型的自定义组合等功能,基于自主研发的国产建模平台与协同平台开发子模型聚合功能,支持不同任务下的子模型自定义生成、编码、展示、调用,建立跨海通道人工岛全结构、全实例的结构树,同步创建挂接 L6.1、L6.2、L6.3 全精度模型场景,以编码的方式关联结构树与场景,并通过与结构树的交互,进行不同层级、不同精度、不同对象模型的展示与调用工作。依据不同应用系统功能模块的模型精度需求,在不同功能模块下,内置对应精度、视角、渲染方式的模型,最终实现人工岛岛体结构、岛上建筑以及机电设施的精细化展示,为人工岛的管养,尤其是对桥岛隧的统一协同管理与养护奠定了基础。人工岛模型可与沉管隧道、跨海桥梁、水下地形等模型在同一场景下按需求进行组合展示与模型调用,不同精度模型在各平台系统中效果如图 2.1-9 所示。

通过以上人工岛模型快速构建技术、模型轻量化技术、多源异构数据融合技术等技术研发,并基于数据标准和不同业务场景应用需求构建不同精细度等级的数据模型,同时涵盖几何信息和非几何信息,实现不同模型精度和信息深度的无缝衔接,实现模型三维可视化。同时,通过可视化模型应用协同平台,使多源异构数据模型实现跨平台协同处理与应用,解决跨海通道人工岛全生命期运维数据种类多、结构复杂、动态性强而导致数据融合难问题,实现数据模型在智能化检测、监测与评估等多应用场景下的可视化交互及综合展示应用,为跨海通道人工岛的养护运维业务应用提供数据支撑。

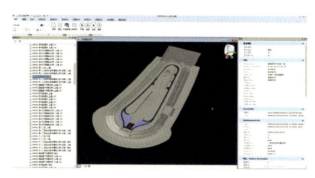

a) 国产建模平台

b) 模型协同平台

c) 智能维养系统

图 2.1-9 跨平台不同精度的数字模型

（3）人工岛评估的数字内核

在港珠澳大桥运维数据标准体系与数字化模型的基础上,从材料、构件和结构三个层次,从性能指标、性能目标和质量控制三个维度,建立结构解析的多层次扩展模型,为跨海通道人工岛的技术状况评定提供了构件、子构件相关的基础数据。在人工岛结构解析的基础上,基于定期检测数据和实时监测数据等多源数据,构建人工岛多尺度、多维度、多来源的长期服役性能指标体系,为人工岛评估提供了性能指标,进一步建立了"定性描述+定量描述+图形标杆"的病害分级评定标准,为人工岛评估提供了评定依据。

通过构建"数据标准-结构解析-数字模型-状况等级数据库"的人工岛评估数字内核,为人工岛服役性能的数据感知、服役状态评估等业务场景提供数据标准支撑;知识库内结构化数据转换为可供计算机自动识别调用的知识图谱,为构建人工岛评估及性能演变模型提供知识基础。最终实现人工岛结构智能监测、检测设备产生的元数据(如风浪流、温湿度、盐度等环境数据和沉降、变形、裂缝等结构数据)的规范性数字化表达,结合数据分析、数值仿真和综合评估,对人工岛结构的运维状态、安全性能、服役寿命等进行科学评定,及时发现和处理异常情况,形成具有针对性的维养决策,打通"数据感知-仿真分析-结构响应-结构评定"业务链条,以此为桥岛隧一体化感知与评估提供数字化底座。

2.2 评定理论与方法

2.2.1 评定理论

按照人工岛结构本身演变和所处海洋环境的影响因素,将人工岛评定划分为技术状况评定和适应性评定两大类。技术状况评定是根据人工岛定期检查资料,对人工岛各部件技术状况进行的评定。适应性评定依据人工岛定期和特殊检查资料,结合仿真模型试验和环境荷载受力分析,评定人工岛的总体稳定能力、防淹没能力和抗冲刷能力。

人工岛评定是基于现场检查、检测结果和海洋环境监测数据开展的。人工岛包括人工岛主体结构(重要结构)和配套附属结构(次要结构)。其中,人工岛主体结构包括岛体回填区结构、护岸结构和防洪排涝设施,人工岛配套附属结构包括附属结构及设施和救援码头。人工岛评定内容包括岛体回填区结构、护岸结构、防洪排涝设施、附属结构及设施和救援码头五大部件。

人工岛综合评定分为适应性评定和技术状况评定两大类。适应性评定包括岛体回填区评定、堤前冲刷评定和堤顶越浪评定三项内容,技术状况评定包含护岸结构评定、防洪排涝设施评定、附属结构及设施评定和救援码头评定四项内容。人工岛综合评定的流程见图 2.2-1。当单座人工岛存在不同结构形式时,可根据结构形式的分布情况划分评定单元,再分别对各评定单元进行等级评定。

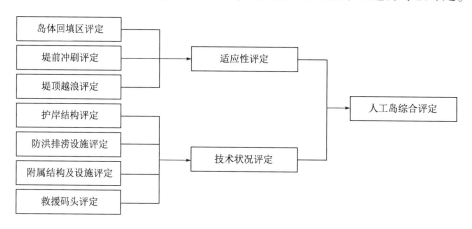

图 2.2-1 人工岛综合评定流程

2.2.2 评定方法

人工岛评定采用由构件、子构件到部件的层级式打分方法,规定最底层构件或子构件的指标评定分级标准和对应的权重值。具体评定计算方法如下。

(1)人工岛各评定单元技术状况评分

各评定部位技术状况评分根据公式(2.2-1)计算:

$$\mathrm{JGCI}_i = 100 \times \left[1 - \frac{1}{4} \sum_{j=1}^{n} \left(\mathrm{JGCI}_{ij} \times \frac{w_{ij}}{\sum_{j=1}^{n} w_{ij}} \right) \right] \quad (2.2\text{-}1)$$

式中:JGCI_i——人工岛部件的评定得分,值域为 0~100;

w_{ij}——各部位(结构)的各分项权重;

JGCI_{ij}——各构件或子构件的评定状况值,值域为 0~4;

i——人工岛各部件序号,$i=1\sim5$,包括岛体回填区结构、护岸结构、防洪排涝设施、附属结构及设施、救援码头;

j——人工岛各构件或子构件的序号,不同部件包含的构件或子构件数量不同;

n——人工岛各部件包含构件或子构件的数量。

分项状况值应按式(2.2-2)计算：

$$\mathrm{JGCI}_{ij} = \max(\mathrm{JGCI}_{ijk}) \qquad (2.2\text{-}2)$$

式中：JGCI_{ijk}——各构件或子构件的状况值，根据指标评定等级取值；

k——同类构件或子构件的数量，按实际评定的构件或子构件数量取值。

(2)人工岛总体的技术状况评分

人工岛综合评定评分应按式(2.2-3)计算：

$$\mathrm{JGCI}_{总体} = \sum_{i=1}^{5} \mathrm{JGCI}_i \times w_i \qquad (2.2\text{-}3)$$

式中：$\mathrm{JGCI}_{总体}$——人工岛综合评定评分结果，值域为0~100；

w_i——人工岛各部件的权重。

人工岛构件的权重分配见表2.2-1，部件的权重分配见表2.2-2。人工岛作为综合评定对象，适应性评定指标的权重值占综合评定的42%，技术状况指标权重占综合评定结果的58%。对于适应性评定指标，岛体回填区为岛体回填区结构部件的适应性评定指标，权重为1.00；堤前冲刷和堤顶越浪为护岸结构部件的适应性评定指标，权重分别为0.25和0.15。

人工岛构件权重 w_i 分配表　　　　表2.2-1

部件序号(i)	部件名称	构件序号(j)	构件指标	指标权重(w_{ij})
1	岛体回填区结构	1	岛体回填区*	1.00
2	护岸结构	1	挡浪墙	0.15
		2	护面结构	0.20
		3	护底结构	0.25
		4	堤前冲刷*	0.25
		5	堤顶越浪*	0.15
3	防洪排涝设施	1	排水箱涵	0.20
		2	泵房	0.20
		3	沟	0.15
		4	井	0.10
		5	阀	0.10
		6	泵机	0.25

续上表

部件序号(i)	部件名称	构件序号(j)	构件指标	指标权重(w_{ij})
4	附属结构及设施	1	路面铺装	0.10
		2	电缆沟	0.10
		3	照明设施	0.10
		4	检修设施	0.10
		5	景观广场	0.05
		6	岛内绿化	0.05
		7	岛上建筑	0.25
		8	暴露试验站	0.25
5	救援码头	1	码头结构	0.50
		2	码头设施	0.50

注：带*的为适应性评定指标，其他为技术状况评定指标。

人工岛部件权重分配表　　表2.2-2

评定分类	岛体回填区结构	护岸结构	防洪排涝设施	附属结构及设施	救援码头
技术状况评定	—	0.18	0.25	0.10	0.05
适应性评定	0.30	0.12	—	—	—
综合评定	0.30	0.30	0.25	0.10	0.05

2.3　评定流程与等级划分

2.3.1　评定流程

人工岛评定工作流程如图2.3-1所示。首先根据人工岛特点制定相应的评定计划,准备相关资料和记录表;然后基于人工岛检测结果判断是否满足5类岛单项控制指标,如满足则人工岛技术状况为5类,如不满足,则对人工岛各部位分别进行评定(当重要结构达到3类或4类且影响人工岛安全时,可按照人工岛重要结构最差的状况评定);最后进行全岛综合评定。

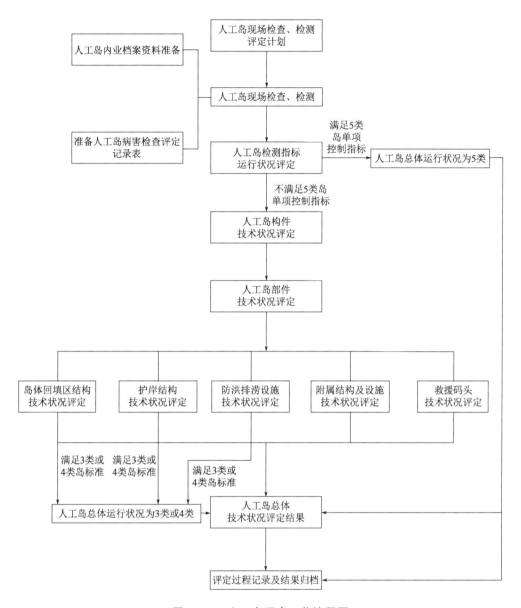

图 2.3-1 人工岛评定工作流程图

2.3.2 等级划分

根据评定分类标准,人工岛岛体回填区结构、护岸结构、防洪排涝设施、附属结构及设施、救援码头以及人工岛总体状况分别可分为 1 类(良好)、2 类(较好)、3 类(较差)、4 类(差)和 5 类(危险)。人工岛总体状况评定等级具体情况见表 2.3-1。

人工岛总体状况评定等级　　　　表 2.3-1

总体状况评定等级	人工岛状况描述
1 类	良好状态：岛体回填区结构基本无沉降，护岸结构、防洪排涝设施各构件基本无损坏，附属结构及设施、救援码头各构件有个别轻度损坏，人工岛使用功能正常
2 类	较好状态：岛体回填区结构无明显沉降，护岸结构、防洪排涝设施各构件有个别轻度损坏，附属结构及设施、救援码头各构件有较多中度损坏，对人工岛使用功能无影响
3 类	较差状态：岛体回填区结构有明显沉降，但无进一步发展趋势，护岸结构、防洪排涝设施各构件有较多中度损坏，附属结构及设施、救援码头各构件有大量中度损坏，尚能维持人工岛使用功能
4 类	差状态：岛体回填区结构沉降较大，发展缓慢，护岸结构及护底结构、防洪排涝设施各构件有大量严重损坏，附属结构及设施、救援码头各构件有大量严重损坏，影响人工岛安全和使用
5 类	危险状态：岛体回填区结构沉降严重，且呈发展趋势，护岸结构及护底结构、防洪排涝设施各构件有大量严重损坏，附属结构及设施、救援码头各构件有大量严重损坏，严重影响人工岛安全，并失去使用功能

注：1. 损坏指的是表面的可见破损。对混凝土结构，包括裂缝、麻面、表面剥落、脱空层裂、孔洞、碳化、露筋等；对钢结构，包括杆件断裂、局部变形、焊缝开裂、连接件损坏、锈蚀等；对砌筑结构，包括砌体裂缝、松动、断裂或崩塌等；对各类面层，包括裂缝、表面剥落、坑槽或坑洼等。

2. "个别""少量""较多""大量"按下列百分比界定：
当按出现损坏或劣化的数量占构筑物数量比例统计时，"个别"为小于构筑物总数的 5%，"少量"为构筑物总数的 5%～10%，"较多"为构筑物总数的 10%～20%，"大量"为构筑物总数的 20% 以上。
当按出现损坏或劣化的数量占所在面积或所在构筑物长度比例统计时，"个别"为小于所在面积或构筑物长度的 5%，"少量"为所在面积或构筑物长度的 5%～10%，"较多"为所在面积或构筑物长度的 10%～20%，"大量"为所在面积或构筑物长度的 20% 以上。

3. "轻度""中度""严重"按如下规定界定：
对桩、梁、板等构筑物裂缝，"轻度"为一般裂缝，裂缝宽度小于 0.2mm；"中度"为顺筋裂缝，裂缝宽度为 0.2～1.0mm，无贯穿性裂缝；"严重"为胀裂性顺筋裂缝或网状裂缝，裂缝宽度大于 1.0mm 或有贯穿性裂缝。
对混凝土表面破损，"轻度"为破损深度较小或深度不超过钢筋保护层厚度；"中度"为破损深度较大或超过钢筋保护层厚度或局部外层钢筋暴露；"严重"为破损深度或面积较大或钢筋暴露。
对砌体，"轻度"为砌体微细裂缝或松动；"中度"为砌体明显裂缝或松动；"严重"为有局部断裂或崩塌。
对混凝土面层和铺砌面层，"轻度"为有一般裂缝式表面缺陷；"中度"为有浅坑槽或板块断裂；"严重"为有普遍坑洼或严重破损。

全岛综合等级评定时,当重要结构达到 3 类或 4 类且影响人工岛安全时,可按照人工岛重要结构最差的状况评定。

在人工岛评定时,当满足以下的任一情况时,人工岛总体状况应直接评价为 5 类岛,并停止使用,进行专项治理:

(1) 岛体回填区结构沉降严重,且呈发展趋势。

(2) 护岸挡浪墙沉降严重或者挡浪墙倒塌。

(3) 护岸护面块体大量棱角破损、裂缝,护面层严重散乱,大量块体缺失、下滑或者塌陷,垫层暴露广泛,坡面沉降和位移严重,且呈发展趋势。

(4) 护岸护底沉降和位移严重,堤前海床整体严重冲刷,且呈发展趋势。

(5) 岛桥结合部桥体或者人工岛结构发生显著永久变形,该处的两侧结构体之间错位严重,间隙较大,渗漏水较为严重,且有危及结构安全和行车安全的趋势。

(6) 岛内出现涌泥沙或较大范围填土沉陷等可能威胁交通安全的情况。

(7) 护岸发生大量越浪,岛内出现大范围积水等可能危及结构安全和交通安全的情况。

在人工岛评定时,当岛上排水设施、越浪泵房等关键附属设施无法正常使用时,人工岛总体状况应直接评定为 4 类岛,并尽快实施修理。

根据人工岛评分计算公式,可以得到人工岛的综合评分结果。按照表 2.3-2 所列的人工岛综合评定分类界限,评分 95~100 为 1 类,80~95 为 2 类,70~80 为 3 类,60~70 为 4 类,0~60 为 5 类。

人工岛分类界限表　　　　　表 2.3-2

综合评定评分	人工岛评定分类				
	1 类	2 类	3 类	4 类	5 类
$JGCI_{总体}$	(95,100]	(80,95]	(70,80]	(60,70]	[0,60]

2.4 适应性指标评定

人工岛所处的海洋地质和动力环境都比较复杂,适应性评定是依据人工岛定期和特殊检查资料,结合仿真模型试验和环境荷载受力分析,判断人工岛适应海洋地质环境和动力环境的能力。适应性评定内容包含人工岛的岛体稳定能力、防淹没能力和抗冲刷能力三个方面。

2.4.1 岛体稳定能力

岛体稳定能力监测是通过布置在岛上关键部位的空间位移监测点,如全球定位系统(Global Positioning System,GPS)监测点或北斗监测点传感器,获取传感器的空间位移监测数据(主要是竖向沉降数据)来反映人工岛岛体的空间变化。岛体回填区是评价岛体稳定能力的适应性指标,隶属于岛体回填区结构部件,通过岛体沉降数据评定岛体总体稳定能力。根据港珠澳大桥人工岛设计规范,制定岛体回填区指标评定分级标准,见表2.4-1。

岛体回填区指标评定分级标准　　　　表2.4-1

分级	评定分级标准	
	定性及定量描述	分项状况值
1级	基本无沉降,累计沉降<0.2m	0
2级	无明显沉降,0.2m≤累计沉降<0.3m	1
3级	有明显沉降,0.3m≤累计沉降<0.5m	2
4级	沉降较大,累计沉降≥0.5m,日平均沉降<2mm	3
5级	沉降严重,累计沉降≥0.5m,日平均沉降≥2mm	4

2.4.2 防淹没能力

堤顶越浪为护岸结构部件的适应性评定指标,是评定人工岛防淹没能力的重要指标。在试验室对人工岛挡浪墙面临的多组水情条件进行了人工岛堤顶的越浪量仿真试验,根据仿真模型试验结果确定了人工岛挡浪墙的越浪计算公式,通过现场的浪流和潮位监测数据,结合挡浪墙的结构数据,可以快速计算出当前海洋环境条件下的人工岛越浪数值。根据制定的堤顶越浪评定分级标准(表2.4-2)对人工岛防淹没能力进行评估,详见第4章。

堤顶越浪评定分级标准 表 2.4-2

分级	评定分级标准	
	定性及定量描述	分项状况值
1 级	护岸无浪花上溅或越浪	0
2 级	护岸顶部有少许浪花上溅,护岸沿程局部最大的单宽平均越浪量小于 0.00001m³/(m·s)	1
3 级	护岸顶部有少许越浪,护岸沿程局部最大的单宽平均越浪介于 0.00001~0.005m³/(m·s)之间	2
4 级	护岸顶部有明显越浪,护岸沿程局部最大的单宽平均越浪量介于 0.005~0.015m³/(m·s)之间	3
5 级	护岸顶部有大量越浪,护岸沿程局部最大的单宽平均越浪量大于 0.015m³/(m·s)	4

2.4.3 抗冲刷能力

堤前冲刷为护岸结构部件的适应性评定指标,是评定人工岛抗冲刷能力的重要指标。在试验室对人工岛、岛桥结合部桥墩及周边海床面临的多组水情条件进行堤前海床的冲刷仿真试验,根据仿真模型试验结果制定了人工岛堤前海床冲刷指标的上限阈值和分级标准。堤前冲刷判别区域为堤前周边 100m 范围,通过现场的人工岛周边水下地形检测数据,统计出堤前海床的最大冲刷深度和范围以及发生位置,根据表 2.4-3 制定的堤前冲刷评定分级标准对人工岛抗冲刷能力进行评估,详见第 5 章和第 7 章。

堤前冲刷评定分级标准 表 2.4-3

分级	评定分级标准	
	定性及定量描述	分项状况值
1 级	堤前局部冲刷深度 <3.0m,海床冲刷较小	0
2 级	3m≤堤前局部冲刷深度 <6m,海床整体稳定	1
3 级	6m≤堤前局部冲刷深度 <9m,影响堤身局部稳定	2
4 级	9m≤堤前局部冲刷深度 <12m,影响堤身整体稳定	3
5 级	堤前局部冲刷深度 ≥12m,严重影响堤身整体稳定	4

2.5 技术状况指标评定

技术状况评定是根据人工岛定期检查资料,对人工岛各部件的结构状况进行技术状况评定。技术状况评定指标分布在护岸结构、防洪排涝设施、附属结构及设施和救援码头等四大部件。

2.5.1 护岸结构

护岸结构部件的评定指标包括挡浪墙、护面结构、护底结构、堤前冲刷和堤顶越浪。其中,挡浪墙、护面结构、护底结构为技术状况评定指标,堤前冲刷和堤顶越浪为适应性评定指标。

(1)挡浪墙评定分级标准

挡浪墙包括挡浪墙本体、变形缝和护栏,其指标评定分级标准分别见表2.5-1~表2.5-3。挡浪墙本体、变形缝和护栏的评定状况值结果分别按照0.70、0.20和0.10的权重加权求和得到挡浪墙的评定状况值。根据结构裂缝、沉降量和倾覆角度等对挡浪墙本体进行分级,根据老化、松动、脱落或者缺失情况对变形缝进行分级,根据松动、断裂或者缺损情况对护栏进行分级。

挡浪墙本体指标评定分级标准　　　　表2.5-1

分级	评定分级标准	
	定性及定量描述	分项状况值
1级	基本无裂缝,挡浪墙裂缝宽度<0.3mm,累计沉降<0.2m,倾覆角度<1°,水平位移<0.02m,整体稳定	0
2级	局部个别裂缝,0.3mm≤挡浪墙裂缝宽度<0.5mm,0.2m≤累计沉降<0.3m,1°≤倾覆角度<3°,0.02m≤水平位移<0.035m,整体稳定	1
3级	少量裂缝,0.5mm≤挡浪墙裂缝宽度<1.0mm,0.3m≤累计沉降<0.5m,3°≤倾覆角度<5°,0.035m≤水平位移<0.05m,整体稳定	2
4级	较多裂缝,1.0mm≤挡浪墙裂缝宽度<3.0mm,0.30m≤累计沉降≥0.50m,0.05m≤水平位移<0.10m,影响整体稳定	3
5级	大量结构性裂缝,挡浪墙裂缝宽度≥3.0mm,累计沉降≥0.50m,倾覆角度≥10°,水平位移≥0.10m,严重影响整体稳定	4

变形缝指标评定分级标准　　　　　　　　　　　　　　　　表 2.5-2

分级	评定分级标准	
	定性描述	分项状况值
1级	完好,或有轻度损坏,无漏砂	0
2级	小于5%的接缝中度损坏,无漏砂	1
3级	5%~10%的接缝中度损坏,无漏砂	2
4级	10%~20%的接缝中度损坏,或小于10%的接缝严重损坏,局部漏砂	3
5级	大于20%的接缝中度损坏,或大于10%的接缝严重损坏,严重漏砂	4

护栏指标评定分级标准　　　　　　　　　　　　　　　　表 2.5-3

分级	评定分级标准	
	定性及定量描述	分项状况值
1级	护栏立柱无松动、断裂、缺损	0
2级	护栏立柱松动、断裂数量不大于5%,且不连续出现;立杆缺损数量不大于5%	1
3级	护栏立柱松动、断裂数量为5%~10%,且不连续出现;立杆缺损数量为5%~10%,不影响使用	2
4级	护栏立柱松动、断裂数量为10%~20%;立杆缺损数量为10%~20%,影响使用	3
5级	护栏立柱松动、断裂数量大于20%;立杆缺损数量大于20%,影响使用	4

(2)护面结构评定分级标准

护面结构评定分级标准见表2.5-4,根据块体破损、裂缝情况、块体缺失、下滑或者塌陷情况以及垫层暴露情况进行分级。

护面结构评定分级标准　　　　　　　　　　　　　　　　表 2.5-4

分级	评定分级标准	
	定性及定量描述	分项状况值
1级	护面块体(块石)基本无损坏,整体稳定	0
2级	护坡护面块体个别(小于10%)棱角破损、裂缝,护面层略有散乱,小于5%的块体(块石)缺失、下滑或者塌陷,整体稳定	1

续上表

分级	评定分级标准	
	定性及定量描述	分项状况值
3级	护坡护面块体少量(10%~20%)棱角破损、裂缝,护面层局部散乱,5%~10%的块体(块石)缺失、下滑或者塌陷,整体稳定	2
4级	护坡护面块体较多(20%~30%)棱角破损、裂缝,护面层散乱,10%~20%的块体(块石)缺失、下滑或者塌陷,垫层局部暴露,影响整体稳定	3
5级	护坡护面块体大量(大于30%)棱角破损、裂缝,护面层严重散乱,大于20%的块体(块石)缺失、下滑或者塌陷,垫层暴露广泛,严重影响整体稳定	4

(3)护底结构评定分级标准

护底结构主要针对护底块石进行评估,评定分级标准见表2.5-5,根据护底块石流失情况和失稳率进行分级。

护底块石评定分级标准　　　表2.5-5

分级	评定分级标准	
	定性及定量描述	分项状况值
1级	护底基本无流失	0
2级	护底局部略有流失,失稳率小于5%	1
3级	护底局部明显流失,失稳率为5%~10%	2
4级	护底局部严重流失,失稳率为10%~30%	3
5级	护底整体严重流失,失稳率大于30%	4

2.5.2 防洪排涝设施

防洪排涝设施部件的评定指标包括排水箱涵、泵房、沟、井、阀和泵机6项评定指标,且均为技术状况评定指标。

(1)排水箱涵评定分级标准

排水箱涵评定分级标准见表2.5-6,根据箱涵的损坏、堵塞程度以及排水功能情况进行分级。

排水箱涵评定分级标准　　　　　　　表 2.5-6

分级	评定分级标准	
	定性描述	分项状况值
1级	箱涵完好,排水功能正常	0
2级	箱涵轻度损坏,但排水功能正常	1
3级	箱涵轻度损坏,轻微堵塞、杂物堆积、沉砂,轻微积水,暴雨季节出现溢水,可能会影响交通安全	2
4级	箱涵中度损坏,明显淤积堵塞、杂物堆积、沉砂,明显积水,溢水造成路面局部积水,影响交通安全	3
5级	箱涵严重损坏,严重淤积堵塞、杂物堆积、沉砂,严重积水,溢水造成路面积水漫流,严重影响交通安全	4

(2)泵房评定分级标准

泵房评定分级标准见表 2.5-7,根据损坏程度以及排水功能情况进行分级。

泵房评定分级标准　　　　　　　表 2.5-7

分级	评定分级标准	
	定性描述	分项状况值
1级	设施完好,排水功能正常	0
2级	越浪泵房结构轻度损坏,但排水功能正常	1
3级	越浪泵房结构轻度损坏,排水功能轻微受影响,可能会影响交通安全	2
4级	越浪泵房结构中度损坏,排水功能受较大影响,影响交通安全	3
5级	越浪泵房结构损坏严重,排水功能受严重影响,严重影响交通安全	4

(3)沟(排水沟)评定分级标准

沟(排水沟)评定分级标准见表 2.5-8,根据设施的破损情况以及排水功能情况进行分级。

沟(排水沟)评定分级标准　　　　　　　表 2.5-8

分级	评定分级标准	
	定性描述	分项状况值
1级	设施完好,排水功能正常	0
2级	排水沟、铁箅子轻度破损,但排水功能正常	1

续上表

分级	评定分级标准	
	定性描述	分项状况值
3级	排水沟、铁箅子轻度破损,轻微淤积堵塞、杂物堆积、沉砂,轻微积水,暴雨季节出现溢水,轻微影响排水功能	2
4级	排水沟、铁箅子中度破损,明显淤积堵塞、杂物堆积、沉砂,明显积水,溢水造成路面局部积水,对排水功能影响较大	3
5级	排水沟、铁箅子严重破损,严重淤积堵塞、杂物堆积、沉砂,严重积水,溢水造成路面积水漫流,严重影响排水功能	4

(4)井(排水井)评定分级标准

井(排水井)评定分级标准见表2.5-9,根据设施的破损情况以及排水功能情况进行分级。

井(排水井)评定分级标准　　　　　　　　表2.5-9

分级	评定分级标准	
	定性描述	分项状况值
1级	设施完好,排水功能正常	0
2级	排水井轻度破损,无渗漏,无沉积泥沙、杂物,排水功能正常	1
3级	排水井轻度破损,局部轻微渗漏,轻微淤积堵塞、杂物堆积、沉砂,轻微积水,暴雨季节出现溢水,轻微影响排水功能	2
4级	排水井中度破损,明显淤积堵塞、杂物堆积、沉砂,明显积水,溢水造成路面局部积水,对排水功能影响较大	3
5级	排水井严重破损,严重淤积堵塞、杂物堆积、沉砂,严重积水,溢水造成路面积水漫流,严重影响排水功能	4

(5)阀(柔性单向阀)评定分级标准

阀(柔性单向阀)评定分级标准见表2.5-10,根据设施的破损情况以及排水功能情况进行分级。

阀(柔性单向阀)评定分级标准　　　　　　　　表2.5-10

分级	评定分级标准	
	定性描述	分项状况值
1级	设施完好,使用功能正常	0
2级	轻度破损,无渗漏、松动现象,功能正常	1

续上表

分级	评定分级标准	
	定性描述	分项状况值
3级	阀门轻度破损,局部轻微渗漏或堵塞,阀门部分松动,尚能维持使用功能	2
4级	阀门中度破损,明显渗漏或堵塞,阀门松动、缺失,对使用功能有较大的影响	3
5级	阀门严重破损,严重渗漏或堵塞,阀门松动或卡死失效,不能正常使用	4

(6)泵机评定分级标准

泵机包括机械部分和电气部分,评定分级标准分别见表2.5-11和表2.5-12。机械部分和电气部分的评定状况值结果分别按照0.50和0.50的权重加权求和得到泵机的评定状况值。泵机机械部分根据轴承、固定螺栓、定子、叶轮、转动部分等的异常情况进行分级,泵机电气部分根据电缆外套及导线、接地和相引线、泄漏传感器、绝缘电阻、密封壳等的状况进行分级。

泵机机械部分评定分级标准　　　　表2.5-11

分级	评定分级标准		
	定性描述	定量描述	分项状况值
1级	设备各部件完好,密封性好,使用功能正常	—	0
2级	轴承有微弱发热,有轻微异响;定子有微弱发热;叶轮表面及边缘有轻度磨损;外表面防锈防腐层有缺损	轴承温度≥50℃ 定子温度≥50℃	1
3级	固定螺栓有松动,有锈蚀;轴承有明显发热,有轻微异响;定子有明显发热;叶轮表面有磨损,有少数叶片形变,有少数叶片与外壁接触;叶轮转动轻微摆动、不稳定;转动部分有渗漏	轴承温度≥55℃ 定子温度≥55℃	2
4级	固定螺栓有明显松动,有裂纹;水泵轴有肉眼可见的倾斜、不对中;轴承发热发烫,运行时肉眼可见晃动,有明显可辨识异响;定子发热发烫;叶轮有明显变形,转动不流畅或受限;有成股液体渗漏	轴承温度≥65℃ 定子温度≥65℃	3

续上表

分级	评定分级标准		分项状况值
	定性描述	定量描述	
5级	水泵轴出现严重弯曲变形；水泵止退机构失灵；轴承出现裂纹，无法正常运行；叶轮无法自由转动；泄漏传感器电压低于警报值；完全泄漏	轴承温度≥75℃ 定子温度≥75℃	4

泵机电气部分评定分级标准　　　　　　　　　　　表 2.5-12

分级	评定分级标准		分项状况值
	定性描述	定量描述	
1级	设备各部件完好，密封性好，使用功能正常，工作中的液体温度低于40℃	—	0
2级	电缆外套及导线轻度机械损坏，电缆有小角度弯曲或挤压；接线板连接处轻微松动；浮子开关轻度污秽；密封壳磨损但密封性不受影响；提升把手及O形杆的螺钉松动	电缆弯曲角度≤30°；接地和相引线之间的电阻≥5MΩ	1
3级	电缆外套及导线中度机械损坏，电缆有较大角度弯曲或挤压；叶轮转动轻微摆动、不稳定；轴承及转子转动不灵巧；泄漏传感器电阻检测低于正常值，绝缘电阻低于正常值；密封壳破损、轻度泄漏	电缆弯曲角度>30°且≤90°；接地和相引线之间的电阻<3MΩ；泄漏传感器电阻<1500Ω	2
4级	叶轮转动不流畅、受阻；定子室内相对湿度大于90%；浮子开关污秽、黏结；轴承及转子转动受阻、有异响；磨损环间隙过大；提升把手及O形杆的螺钉脱落或遗失	电缆弯曲角度>60°且≤90°；磨损环间隙≥2mm	3
5级	电缆外套及导线重度磨损，电缆呈锐角弯曲或挤压；接线板连接处严重松动、脱落；叶轮无法自由转动；轴承及转子无法转动；泄漏传感器电阻检测低于警报值；绝缘电阻低于极限值；密封壳严重破损、重度泄漏	电缆弯曲角度>90°；接地和相引线之间的电阻<1MΩ；泄漏传感器电阻<430Ω	4

2.5.3 附属结构及设施

附属结构及设施部件的评定指标包括路面铺装、电缆沟、照明设施、检修设施、景观广场、岛内绿化、岛上建筑和暴露试验站 8 项评定指标,且均为技术状况评定指标。

(1)路面铺装评定分级标准

参考《公路桥梁技术状况评定标准》(JTG/T H21—2011),路面铺装分为沥青混凝土路面铺装以及水泥混凝土路面铺装两种,评定分级标准分别见表 2.5-13 与表 2.5-14。

沥青混凝土路面铺装评定分级标准　　表 2.5-13

分级	评定分级标准		分项状况值
	定性描述	定量描述	
1 级	完好	—	0
2 级	局部出现轻微波浪拥包或局部高低不平或车辙深度较浅	波浪拥包面积≤5%,波峰波谷高差≤15mm,高低差≤15mm,铺装层出现车辙的面积≤5%,深度≤15mm	1
	局部出现轻微泛油	面积≤5%	
	局部轻微松散、露骨或局部轻微浅坑槽	松散、露骨累计面积≤5%,坑槽深度≤15mm,累计面积≤2%,单处面积≤0.2m²	
	局部轻微龟裂,裂缝区无变形、无散落或局部轻微块裂,裂缝区无散落或有纵横裂缝,裂缝壁无散落、无支缝	龟裂缝宽≤1.0mm,部分裂缝块度≤2.0m,块裂缝宽≤1.5mm,纵横裂缝缝长≤0.5m,缝宽≤1.5mm	
3 级	局部出现较明显波浪拥包或局部高低不平或车辙深度较浅	波浪拥包面积≤10%,波峰波谷高差≤25mm,高低差≤25mm,铺装层出现车辙的面积≤10%,深度≤25mm	2
	局部出现较明显泛油	面积≤10%	
	较明显或局部浅坑槽	松散、露骨累计面积≤10%,坑槽深度≤25mm,累计面积≤3%,单处面积≤0.5m²	

续上表

分级	评定分级标准		分项状况值
	定性描述	定量描述	
3级	局部较明显龟裂,裂缝区无变形、无散落或局部较明显块裂,裂缝区无散落或有纵横裂缝,裂缝壁无散落、无支缝	龟裂缝宽≤2.0mm,部分裂缝块度≤5.0m,块裂缝宽≤3.0mm,大部分裂缝块度>1.0m,纵横裂缝缝长≤1.0m,缝宽≤3.0mm	2
4级	多处出现波浪拥包或多处高低不平或较大面积车辙深度较浅	波浪拥包面积>10%且≤20%,波峰波谷高差≤25mm,高低差≤25mm,铺装层出现车辙的面积>10%且≤20%,深度≤25mm	3
	多处出现泛油	面积>10%且≤20%	
	多处松散、露骨或多处出现坑槽	松散、露骨累计面积>10%且≤20%,坑槽深度≤25mm,累计面积>3%且≤10%,单处面积>0.5m² 且≤1.0m²	
	局部龟裂,状态明显,裂缝区有轻度散落或变形或局部块裂,裂缝区有散落或有纵横裂缝,裂缝壁有散落、有支缝	龟裂缝宽>2.0mm且≤5.0mm,部分裂缝块度≤2.0m,块裂缝宽>3.0mm,大部分裂缝块度>0.5m且≤1.0m,纵横裂缝缝长>1.0m且≤2.0m,缝宽>3.0mm	
5级	大面积波浪拥包或普遍有高低不平或大面积车辙深度较深	波浪拥包面积>20%,波峰波谷高差>25mm,高低差>25mm,铺装层出现车辙的面积>20%,深度>25mm	4
	大面积出现泛油、磨光	面积>20%	
	大部分松散、露骨或大部分有坑槽	松散、露骨累计面积>20%,坑槽深度>25mm,累计面积>10%,单处面积>1.0m²	
	多处龟裂,特征显著,裂缝区变形明显、散落严重或多处块裂,裂缝区散落严重或有纵横通缝,裂缝壁散落、支缝严重	龟裂缝宽>5.0mm,大部分裂缝块度≤2.0m,块裂缝宽>3.0mm,大部分裂缝块度≤0.5m,纵横裂缝缝长>2.0m,缝宽>3.0mm	

水泥混凝土路面铺装评定分级标准　　　　　　　表 2.5-14

分级	评定分级标准		分项状况值
	定性描述	定量描述	
1级	完好	—	0
2级	局部出现轻微磨光、脱皮、露骨	面积≤5%	1
	局部接缝两侧出现轻微高差现象	高差≤5mm	
	局部出现轻微坑洞	深度≤0.5cm,直径≤1.5cm,或累计面积≤2%	
	局部接缝处出现轻微浅层边角剥落,局部出现轻微层状剥落	层状剥落累计面积≤5%	
	局部接缝两侧出现轻微抬高	接缝拱起条数≤总数的5%	
	局部接缝处填料轻微老化、漏水,但尚未出现剥落、脱空,或被杂物轻微填塞现象	填料老化、漏水≤整条缝的5%	
	局部存在细微横向裂缝、纵向裂缝或斜裂缝,但未贯通,或板角处裂缝与纵横向接缝轻微相交或局部出现轻微破碎板,但未发生松动、沉陷等病害	裂缝缝宽≤1mm 交点距角点≤1/4板块边长,碎裂累计面积≤5%	
3级	局部出现较明显磨光、脱皮、露骨	面积≤10%	2
	局部接缝两侧出现较明显高差现象	高差≤10mm	
	局部出现较明显坑洞	深度≤1cm,直径≤3cm,或累计面积≤3%	
	局部接缝处出现较明显浅层边角剥落,局部出现层状剥落	层状剥落累计面积≤10%	
	局部接缝两侧出现较明显抬高	接缝拱起条数≤总数的10%	

续上表

分级	评定分级标准		分项状况值
	定性描述	定量描述	
3级	局部接缝处填料较明显老化、漏水，但尚未出现剥落、脱空，或被杂物填塞现象	填料老化、漏水≤整条缝的10%	2
	局部存在较明显横向裂缝、纵向裂缝或斜裂缝，但未贯通，或板角处裂缝与纵横向接缝较明显相交或局部出现较明显破碎板，但未发生松动、沉陷等病害	裂缝缝宽≤3mm 交点距角点≤1/2板块边长，碎裂累计面积≤10%，每块板被分成2~3块	
4级	多处出现磨光、脱皮、露骨	面积>10%且≤20%	3
	多处接缝两侧出现高差现象	高差>10mm	
	多处坑洞	深度>1cm，直径>3cm，或累计面积>3%且≤10%	
	多处接缝处出现中、深层边角剥落，局部出现层状剥落	层状剥落累计面积>10%且≤20%	
	多处接缝两侧出现较大抬高	接缝拱起条数>总数的10%且≤20%	
	多处接缝处填料老化、漏水，部分填料脱空，或被杂物填塞	填料老化、漏水>整条缝的10%且≤20%，或脱空、填塞长度≤接缝长的1/3	
	多处存在横向裂缝、纵向裂缝或斜裂缝，边缘有碎裂或板角处裂缝与纵向或横向裂缝相交，多处存在碎裂或出现较多破碎板，板块伴有松动、沉陷、唧泥等现象	缝宽>3mm且≤10mm，缝宽≤10mm，交点距角点≤1/2板块边长，碎裂累计面积>10%且≤20%，每块板被分成3~4块	
5级	大面积出现磨光、脱皮、露骨	面积>20%	4
	绝大多数接缝两侧出现高差现象	高差>10mm	
	大部分有坑洞	深度>1cm，直径>3cm，或累计面积>10%	

续上表

分级	评定分级标准		分项状况值
	定性描述	定量描述	
5级	大部分接缝处出现深层边角剥落,大部分出现层状剥落	层状剥落累计面积>20%	4
	大部分接缝两侧出现明显抬高	接缝拱起条数>总数的20%	
	大部分接缝处填料老化、漏水,多处填料脱空,或被杂物填塞	填料老化、漏水>整条缝20%,或脱空、填塞长度>接缝长的1/3	
	大部分存在横向裂缝、纵向裂缝或斜裂缝,边缘有碎裂,并伴有错台出现,或板角处裂缝与纵向或横向裂缝相交,断角有松动,或出现大量破碎板,板块伴有松动、沉陷、唧泥等现象	缝宽>10mm,交点距角点≤1/2板块边长,碎裂累计面积>20%,每块板被分成4块以上	

(2)电缆沟评定分级标准

电缆沟评定分级标准见表2.5-15,根据结构破损情况及对其影响程度进行分级。

电缆沟评定分级标准　　　　表2.5-15

分级	评定分级标准	分项状况值
	定性描述	
1级	设施完好,无明显破坏	0
2级	基本完好,个别中度损坏,低于10%的电缆沟盖板出现缺角、裂缝等破坏,不影响使用	1
3级	较少中度损坏,10%~20%的电缆沟盖板出现缺角、裂缝等破坏,基本不影响使用	2
4级	较多严重损坏,20%~30%的电缆沟盖板出现缺角、裂缝等破坏,影响使用	3
5级	大量严重损坏,大于30%的电缆沟盖板出现缺角、裂缝等破坏,影响使用	4

（3）照明设施评定分级标准

照明设施包括灯具、灯杆和基础，评定分级标准分别见表 2.5-16 ~ 表 2.5-18。灯具、灯杆和基础各构件的评定状况值结果分别按照 0.35、0.35 和 0.30 的权重加权求和得到照明设施的评定状况值。灯具和灯杆根据灯具松动、锈蚀、损坏、缺失状况进行分级，基础根据基础松动和结构破损状况进行分级。

照明设施灯具评定分级标准　　　　表 2.5-16

分级	评定分级标准	
	定性描述	分项状况值
1 级	完好	0
2 级	个别灯具松动、锈蚀、损坏、缺失	1
3 级	少量灯具松动、锈蚀、损坏、缺失	2
4 级	较多灯具松动、锈蚀、损坏、缺失	3
5 级	大量灯具松动、锈蚀、损坏、缺失	4

照明设施灯杆评定分级标准　　　　表 2.5-17

分级	评定分级标准	
	定性描述	分项状况值
1 级	完好	0
2 级	个别灯杆松动、锈蚀、损坏、缺失，或出现污损现象	1
3 级	少量灯杆松动、锈蚀、损坏、缺失，或出现污损、标志不清现象	2
4 级	较多灯杆松动、锈蚀、损坏、缺失，或出现污损、标志不清现象	3
5 级	大量灯杆松动、锈蚀、损坏、缺失，危及行车安全	4

照明设施基础评定分级标准　　　　表 2.5-18

分级	评定分级标准	
	定性描述	分项状况值
1 级	完好	0
2 级	个别灯杆基础松动	1
3 级	少量灯杆基础松动	2
4 级	较多灯杆基础松动	3
5 级	大量灯杆基础松动，基础结构严重裂缝、破损	4

(4)检修设施评定分级标准

检修设施评定分级标准见表 2.5-19,根据破损情况及对检修的影响程度进行分级。

检修设施评定分级标准　　　　　　表 2.5-19

分级	评定分级标准	
	定性描述	分项状况值
1 级	设施完好	0
2 级	设施结构个别轻度破损,但不影响检修	1
3 级	设施结构少量中度受损,检修功能轻微受影响	2
4 级	设施结构较多中度受损,检修功能受较大影响	3
5 级	设施结构大量严重受损,严重影响检修	4

(5)景观广场评定分级标准

景观广场评定分级标准见表 2.5-20,根据砖块的破损状况、碎石的松动情况以及对使用和安全性的影响程度进行分级。

景观广场评定分级标准　　　　　　表 2.5-20

分级	评定分级标准	
	定性描述	分项状况值
1 级	完好	0
2 级	小于5%的板块有中度损坏、裂缝,不影响正常使用	1
3 级	5%~15%的板块有中度损坏、裂缝,或小于5%的板块严重损坏、裂缝,影响正常使用	2
4 级	15%~25%的板块有中度损坏、裂缝,或5%~15%的板块严重损坏、裂缝,较严重影响正常使用	3
5 级	25%以上的板块有中度损坏、裂缝,或15%以上的板块严重损坏、裂缝,严重影响正常使用	4

(6)岛内绿化评定分级标准

岛内绿化评定分级标准见表 2.5-21,根据植被的损坏程度和对视觉效果的影响程度进行分级。

岛内绿化评定分级标准　　　　　　　　表 2.5-21

分级	评定分级标准	
	定性描述	分项状况值
1 级	完好	0
2 级	植被个别轻度损坏,不影响视觉效果	1
3 级	植被少量中度损坏,不影响整体视觉效果	2
4 级	植被较大面积中度损坏,影响整体视觉效果	3
5 级	植被大面积严重损坏,基本丧失绿化功能	4

（7）岛上建筑评定分级标准

岛上建筑包括建筑构件、结构构件、给水排水设施、暖通设施、电气设施和室内装饰设施等,评定分级标准符合表 2.5-22～表 2.5-27 的规定。

建筑构件评定分级标准　　　　　　　　表 2.5-22

分级	评定分级标准	
	定性描述	分项状况值
1 级	建筑构件完好或基本完好	0
2 级	建筑构件出现个别轻度裂缝、麻面、剥落、孔洞等损坏现象	1
3 级	建筑构件出现少量中度裂缝、麻面、剥落、孔洞等损坏现象	2
4 级	建筑构件出现较多中度裂缝、麻面、剥落、孔洞等损坏现象	3
5 级	建筑构件出现大量严重裂缝、麻面、剥落、孔洞等损坏现象	4

结构构件评定分级标准　　　　　　　　表 2.5-23

分级	评定分级标准	
	定性描述	分项状况值
1 级	结构构件完好或基本完好	0
2 级	结构构件出现个别轻度裂缝、麻面、剥落、孔洞等损坏现象,结构强度不低于设计值	1
3 级	结构构件出现少量中度裂缝、麻面、剥落、孔洞等损坏现象,结构强度不低于设计值	2
4 级	结构构件出现大量中度裂缝、麻面、剥落、孔洞等损坏现象,结构强度略低于设计值	3
5 级	结构构件出现大量严重裂缝、麻面、剥落、孔洞等损坏现象,结构强度严重低于设计值	4

给水排水设施评定分级标准　　　　　　　表 2.5-24

分级	评定分级标准	
	定性描述	分项状况值
1 级	完好,正常使用	0
2 级	设施个别中度损坏,不影响使用	1
3 级	设施少量中度损坏,对正常使用存在一定影响	2
4 级	设施大量中度损坏,对正常使用存在明显影响	3
5 级	设备大量严重损坏,无法正常使用	4

暖通设施评定分级标准　　　　　　　表 2.5-25

分级	评定分级标准	
	定性描述	分项状况值
1 级	完好,正常使用	0
2 级	设施个别中度损坏,不影响使用	1
3 级	设备少量中度损坏,对正常使用存在一定影响	2
4 级	设备大量中度损坏,对正常使用存在明显影响	3
5 级	设备大量严重损坏,无法正常使用	4

电气设施评定分级标准　　　　　　　表 2.5-26

分级	评定分级标准	
	定性描述	分项状况值
1 级	完好,正常	0
2 级	设施个别中度损坏,不影响使用	1
3 级	设备少量中度损坏,对正常使用存在一定影响	2
4 级	设备大量中度损坏,对正常使用存在明显影响	3
5 级	设备大量严重损坏,无法正常使用	4

室内装饰设施评定分级标准　　　　　　　表 2.5-27

分级	评定分级标准	
	定性描述	分项状况值
1 级	设施完好	0
2 级	设施个别中度损坏,不影响使用	1
3 级	设施有少量中度受损,轻微影响使用	2
4 级	设施结构大量中度损坏,对使用影响较大	3
5 级	设施大量严重损坏,存在明显安全隐患	4

建筑构件、结构构件、给水排水设施、暖通设施、电气设施和室内装饰设施的评定状况值结果应分别按照 0.30、0.30、0.10、0.10、0.10 和 0.10 的权重加权求和得到岛上建筑的评定状况值。建筑构件和结构构件根据结构的裂缝、麻面、剥落、孔洞等损坏情况以结构强度等进行分级,给水排水设施、暖通设施、电气设施和室内装饰设施根据设施的损坏情况和功能状况进行分级。

(8) 暴露试验站评定分级标准

暴露试验站包括沉箱、钢爬梯、平台、栏杆以及防撞设施,评定分级标准分别见表 2.5-28~表 2.5-32。沉箱、钢爬梯、平台、栏杆以及防撞设施各构件的评定状况值结果分别按照 0.30、0.20、0.20、0.15 和 0.15 的权重加权求和得到暴露试验站的评定状况值。沉箱根据构件损坏状况、裂缝和钢筋锈蚀情况进行分级,钢爬梯根据结构锈蚀情况进行分级,平台根据裂缝、剥落或孔洞面积等进行分级,栏杆根据松动、断裂、缺损情况进行分级,防撞设施根据破损和残缺数量进行分级。

沉箱评定分级标准　　　　　　　　　　　　表 2.5-28

分级	评定分级标准	
	定性及定量描述	分项状况值
1 级	完好,或构件有轻度损坏,无裂缝、表面剥落	0
2 级	小于 5% 的构件中度损坏、裂缝(0.3~1.0mm)、表面剥落,钢筋有局部锈蚀	1
3 级	5%~10% 的构件中度损坏或小于 5% 的构件严重损坏、裂缝(>1.0mm)、表面剥落,钢筋有明显锈蚀	2
4 级	10%~20% 的构件中度损坏、裂缝(0.3~1.0mm)或 5%~10% 的构件严重损坏、裂缝(>1.0mm)、表面剥落,钢筋锈蚀广泛	3
5 级	20% 以上的构件中度损坏、裂缝(0.3~1.0mm)或 10% 以上的构件严重损坏、裂缝(>1.0mm)、表面剥落,钢筋锈蚀缩径	4

钢爬梯评定分级标准　　　　　　　　　　　表 2.5-29

分级	评定分级标准	
	定性描述	分项状况值
1 级	完好	0
2 级	钢结构涂层个别位置出现缺陷,局部少许锈蚀	1

续上表

分级	评定分级标准	
	定性描述	分项状况值
3级	钢结构涂层少量位置出现缺陷,局部明显锈蚀	2
4级	钢结构涂层较多位置出现缺陷,大范围明显锈蚀	3
5级	钢结构涂层大量位置出现严重缺陷,整体明显锈蚀,且有断裂	4

平台评定分级标准　　　　　　表2.5-30

分级	评定分级标准	
	定性及定量描述	分项状况值
1级	平台无裂缝,无剥落或孔洞	0
2级	局部个别裂缝,剥落或孔洞面积小于5%的构件面积,不影响使用	1
3级	少量裂缝,剥落或孔洞面积为5%~10%的构件面积,不影响使用	2
4级	较多裂缝,剥落或孔洞面积为10%~20%的构件面积,影响使用	3
5级	大量结构性裂缝,剥落或孔洞面积大于20%的构件面积,严重影响使用	4

栏杆评定分级标准　　　　　　表2.5-31

分级	评定分级标准	
	定性及定量描述	分项状况值
1级	栏杆立柱无松动、断裂、缺损	0
2级	栏杆立柱松动、断裂数量不大于5%,且不连续出现,立杆缺损数量不大于5%	1
3级	栏杆立柱松动、断裂数量为5%~10%,且不连续出现,立杆缺损数量为5%~10%,不影响使用	2
4级	栏杆立柱松动、断裂数量为10%~20%,立杆缺损数量为10%~20%,影响使用	3
5级	栏杆立柱松动、断裂数量大于20%,立杆缺损数量大于20%,影响使用	4

防撞设施评定分级标准   表2.5-32

分级	评定分级标准	
	定性及定量描述	分项状况值
1级	防撞设施无破损,配件齐全、无松动	0
2级	防撞设施破损和残缺数量小于5%,配件齐全、无明显松动	1
3级	防撞设施破损和残缺数量为5%~10%,配件齐全、无明显松动	2
4级	防撞设施破损和残缺数量为10%~20%或连续出现,影响功能	3
5级	防撞设施破损和残缺数量大于20%或连续出现,影响功能	4

2.5.4 救援码头

救援码头部件的评定指标包括码头结构和码头设施两项,且均为技术状况评定指标。

(1)码头结构评定分级标准

码头结构包括沉箱、胸墙、挡墙、栅栏板、护轮坎以及铺面结构,评定分级标准分别见表2.5-33~表2.5-38。沉箱、胸墙、挡墙、栅栏板、护轮坎以及铺面结构各构件的评定状况值结果应分别按照0.40、0.15、0.15、0.10、0.10和0.10的权重加权求和得到码头结构的评定状况值。沉箱根据构件损坏、裂缝、沉降、位移、倾覆角度和整体稳定性进行分级,胸墙和挡墙根据结构裂缝、沉降、位移、倾覆角度和整体稳定性进行分级,栅栏板根据其翘起、位移或脱落状况进行分级,护轮坎根据其损坏状况和对码头使用的影响程度进行分级,铺面结构根据其损坏、裂缝和对使用的影响程度进行分级。

沉箱评定分级标准   表2.5-33

分级	评定分级标准	
	定性及定量描述	分项状况值
1级	完好,或构件有轻度损坏,无裂缝、表面剥落	0
2级	小于5%的构件中度损坏、裂缝(0.3~1.0mm)、表面剥落,钢筋有局部锈蚀	1
3级	5%~10%的构件中度损坏或小于5%的构件严重损坏、裂缝(>1.0mm)、表面剥落,钢筋有明显锈蚀	2
4级	10%~20%的构件中度损坏、裂缝(0.3~1.0mm)或5%~10%的构件严重损坏、裂缝(>1.0mm)、表面剥落,钢筋锈蚀广泛	3
5级	20%以上的构件中度损坏、裂缝(0.3~1.0mm)或10%以上的构件严重损坏、裂缝(>1.0mm)、表面剥落,钢筋锈蚀缩径	4

胸墙评定分级标准　　　　　　　表 2.5-34

分级	评定分级标准	
	定性及定量描述	分项状况值
1 级	完好,或有轻度损坏,钢筋无锈蚀	0
2 级	小于 10% 的墙段中度损坏、裂缝(0.5~3.0mm),钢筋局部锈蚀	1
3 级	10%~20% 的墙段中度损坏、裂缝(0.5~3.0mm)或小于 10% 的墙段严重损坏、裂缝(>3.0mm)、表面剥落,钢筋有明显锈蚀	2
4 级	20%~30% 的墙段中度损坏、裂缝(0.5~3.0mm)或 10%~20% 的墙段严重损坏、裂缝(>3.0mm)、表面剥落,钢筋有明显锈蚀	3
5 级	30% 以上的墙段中度损坏、裂缝(0.5~3.0mm)或 20% 以上的墙段严重损坏、裂缝(>3.0mm)、表面剥落,钢筋有明显锈蚀	4

挡墙评定分级标准　　　　　　　表 2.5-35

分级	评定分级标准	
	定性及定量描述	分项状况值
1 级	完好,或有轻度损坏,钢筋无锈蚀	0
2 级	基本无沉降、位移,无不均匀沉降,整体稳定	1
3 级	小于 10% 的墙段中度损坏、裂缝(0.5~3.0mm),钢筋局部锈蚀	2
4 级	无明显沉降、位移,无明显不均匀沉降,整体稳定	3
5 级	10%~20% 的墙段中度损坏裂缝(0.5~3.0mm)或小于 10% 的墙段严重损坏、裂缝(>3.0mm)、表面剥落,钢筋有明显锈蚀	4

栅栏板评定分级标准　　　　　　　表 2.5-36

分级	评定分级标准	
	定性及定量描述	分项状况值
1 级	完好	0
2 级	小于 1% 的栅栏板有翘起、位移或脱落,不影响结构稳定	1
3 级	1%~5% 的栅栏板有翘起、位移或脱落,不影响结构稳定	2
4 级	5%~10% 的栅栏板有翘起、位移或脱落,影响结构稳定	3
5 级	大于 10% 的栅栏板有翘起、位移或脱落,严重影响结构稳定	4

护轮坎评定分级标准　　　　　　　　　　表 2.5-37

分级	评定分级标准	
	定性及定量描述	分项状况值
1 级	完好	0
2 级	护轮坎破损高度不超过坎高 1/3,残缺长度不大于总长度的 10%,不影响使用	1
3 级	护轮坎破损高度超过坎高 1/3,但残缺长度不大于总长度的 10%,不影响使用	2
4 级	护轮坎破损高度超过坎高 1/3,残缺长度为总长度的 10%~20%,影响使用	3
5 级	护轮坎破损高度超过坎高 1/3,残缺长度大于总长度的 20%,影响使用	4

铺面结构评定分级标准　　　　　　　　　表 2.5-38

分级	评定分级标准	
	定性及定量描述	分项状况值
1 级	完好,或板块有轻微龟裂	0
2 级	小于 5% 的板块有中度损坏、裂缝,不影响正常使用	1
3 级	5%~10% 的板块有中度损坏、裂缝或小于 5% 的板块严重损坏、裂缝,影响正常使用	2
4 级	10%~20% 的板块有中度损坏、裂缝或 5%~10% 的板块严重损坏、裂缝,较严重影响正常使用	3
5 级	大于 20% 的板块有中度损坏、裂缝或大于 10% 的板块严重损坏、裂缝,严重影响正常使用	4

(2)码头设施评定分级标准

码头设施包括橡胶护舷、系船柱和航标灯,评定分级标准分别见表 2.5-39~表 2.5-41。橡胶护舷、系船柱和航标灯各构件的评定状况值结果分别按照 0.40、0.40 和 0.20 的权重加权求和得到码头设施的评定状况值。橡胶护舷根据其破损、残缺数量和对使用的影响程度进行分级,系船柱根据其底座松动、柱体裂缝、锈坑或磨损状况进行分级,航标灯根据其松动、锈蚀、损坏、缺失状况进行分级。

橡胶护舷评定分级标准　　　　表 2.5-39

分级	评定分级标准	
	定性及定量描述	分项状况值
1 级	橡胶护舷无破损,配件齐全、无松动	0
2 级	橡胶护舷破损和残缺数量小于 5%,配件齐全、无明显松动	1
3 级	橡胶护舷破损和残缺数量为 5%~10%,配件齐全、无明显松动	2
4 级	橡胶护舷破损和残缺数量为 10%~20% 或连续出现,影响使用	3
5 级	橡胶护舷破损和残缺数量大于 20% 或连续出现,影响使用	4

系船柱评定分级标准　　　　表 2.5-40

分级	评定分级标准	
	定性及定量描述	分项状况值
1 级	系船柱固定螺栓齐全,底座无松动;柱体无裂缝,无锈坑或磨损	0
2 级	系船柱固定螺栓齐全,底座无松动;柱体无裂缝,锈坑或磨损深度小于柱壁厚度的 5%;不影响使用	1
3 级	系船柱固定螺栓齐全,底座无松动;柱体无裂缝,锈坑或磨损深度为 5%~10% 的柱壁厚度;不影响使用	2
4 级	系船柱固定螺栓缺失,底座松动;柱体开裂,锈坑或磨损深度为 10%~20% 的柱壁厚度;影响使用	3
5 级	系船柱固定螺栓缺失,底座松动;柱体开裂,锈坑或磨损深度大于柱壁厚度的 20%;影响使用	4

航标灯评定分级标准　　　　表 2.5-41

分级	评定分级标准	
	定性描述	分项状况值
1 级	完好	0
2 级	个别设施松动、锈蚀、损坏、缺失,或出现污损不清晰现象	1
3 级	少量设施松动、锈蚀、损坏、缺失,或出现污损不清晰现象	2
4 级	较多设施松动、锈蚀、损坏、缺失,或出现污损标志不清现象	3
5 级	大量设施松动、锈蚀、损坏、缺失,危及航行安全	4

2.6 人工岛评定元数据

2.6.1 元数据模型

根据人工岛评定流程建立了如图 2.6-1 所示的元数据模型,人工岛评定元数据包括评定对象元数据、评定作业元数据、评定任务元数据和评定报告元数据四个模块。按照作业元数据划分的方式,人工岛评定总体上分为技术状况评定和适应性评定两项作业。按照任务元数据进行划分,适应性评定包含岛体回填区、堤顶越浪和堤前冲刷三项评定任务元数据,技术状况评定分为护岸结构、防洪排涝设施、附属结构及设施和救援码头等四项评定任务元数据。评定报告元数据则包含评定目的、评定内容、评定结果和评定结论等四项元数据。

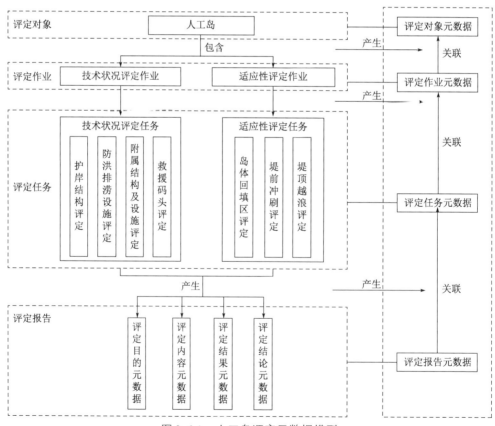

图 2.6-1 人工岛评定元数据模型

人工岛评定业务流程中所涉及的相关参考规范，需要采用参考规范元数据进行描述。采用元数据对人工岛评定业务所包含的信息进行描述，需要符合《桥岛隧智能运维数据　数据表达通用规则》(T/GBAS 2—2022)的相关规定，评定对象元数据则需要符合《桥岛隧智能运维数据　人工岛结构》(T/GBAS 50—2022)中的相关规定，人工岛评定所用到的检测结果也需要符合《桥岛隧智能运维数据　人工岛检测》(T/GBAS 65—2022)中的相关规定。

2.6.2　人工岛评定作业

采用评定作业元数据对综合技术状况评定、适应性评定等信息进行描述，评定作业元数据与评定对象元数据应通过"唯一编码"数据元进行关联，关联关系见图2.6-2。

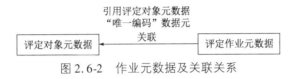

图 2.6-2　作业元数据及关联关系

2.6.3　技术状况评定任务

采用人工岛技术状况评定任务元数据对护岸结构技术状况评定、防洪排涝设施技术状况评定、附属结构及设施技术状况评定、救援码头技术状况评定等信息进行描述。

人工岛技术状况评定任务元数据与人工岛评定作业元数据应通过"唯一编码"数据元进行关联，关联关系见图2.6-3。

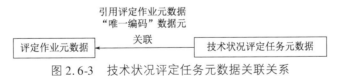

图 2.6-3　技术状况评定任务元数据关联关系

采用护岸结构技术状况评定任务元数据对护岸结构构件的技术状况评定内容、方法等信息进行描述，护岸结构技术状况评定任务元数据与人工岛技术状况评定元数据应通过"唯一编码"数据元进行关联，关联关系见图2.6-4。

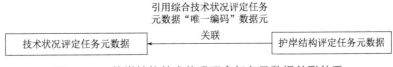

图 2.6-4　护岸结构技术状况评定任务元数据关联关系

采用防洪排涝设施技术状况评定任务元数据对防洪排涝设施的技术状况评定内容、方法等信息进行描述,防洪排涝设施技术状况评定任务元数据与技术状况评定元数据应通过"唯一编码"数据元进行关联,关联关系见图2.6-5。

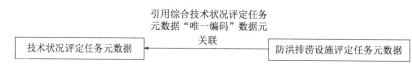

图2.6-5　防洪排涝设施技术状况评定任务元数据关联关系

采用附属结构及设施技术状况评定任务元数据对附属结构及设施构件的技术状况评定内容、方法等信息进行描述,附属结构及设施技术状况评定任务元数据与技术状况评定元数据应通过"唯一编码"数据元进行关联,关联关系见图2.6-6。

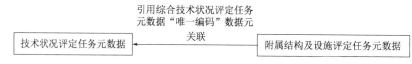

图2.6-6　附属结构及设施技术状况评定任务元数据关联关系

采用救援码头技术状况评定任务元数据对救援码头的专项评定内容、方法等信息进行描述,救援码头技术状况评定任务元数据与技术状况评定元数据应通过"唯一编码"数据元进行关联,关联关系见图2.6-7。

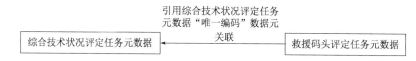

图2.6-7　救援码头技术状况评定任务元数据关联关系

采用参考规范元数据对技术状况评定任务等的相关信息进行描述,参考规范元数据与技术状况评定任务元数据应通过"唯一编码"数据元进行关联,关联关系见图2.6-8。

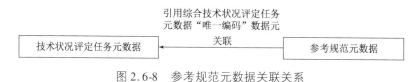

图2.6-8　参考规范元数据关联关系

2.6.4　适应性评定任务

采用人工岛适应性评定任务元数据对岛体回填区、堤前冲刷、堤顶越浪等信息进行描述,适应性评定任务元数据与评定作业元数据应通过"唯一编码"数据元进行关联,关联关系见图2.6-9。

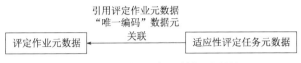

图2.6-9　适应性评定元数据关联关系

采用岛体回填区评定元数据对岛体回填区评定方法、类型等信息进行描述,岛体回填区评定元数据与适应性评定任务元数据应通过"唯一编码"数据元进行关联,关联关系见图2.6-10。

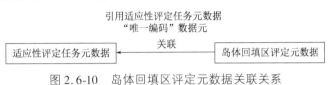

图2.6-10　岛体回填区评定元数据关联关系

采用堤前冲刷评定元数据对堤前冲刷评定方法、类型等信息进行描述,堤前冲刷评定元数据与适应性评定任务元数据应通过"唯一编码"数据元进行关联,关联关系见图2.6-11。

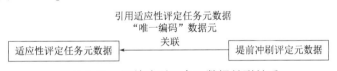

图2.6-11　堤前冲刷评定元数据关联关系

采用堤顶越浪评定元数据对堤顶越浪评定方法、类型等信息进行描述,堤顶越浪评定元数据与适应性评定任务元数据应通过"唯一编码"数据元进行关联,关联关系见图2.6-12。

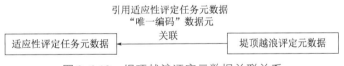

图2.6-12　堤顶越浪评定元数据关联关系

采用参考规范元数据对人工岛适应性评定任务所依据或参考规范的相关信息进行描述,参考规范元数据与人工岛适应性评定任务元数据应通过"唯一编码"数据元进行关联,关联关系见图2.6-13。

图2.6-13　参考规范元数据关联关系

2.6.5 评定报告

采用评定报告元数据对评定目的、评定内容、评定结果和评定结论等信息进行描述,评定报告元数据与评定任务元数据应通过"唯一编码"数据元进行关联,关联关系见图2.6-14。

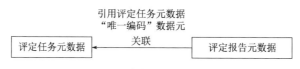

图2.6-14　评定报告元数据关联关系

采用评定目的元数据描述评定的背景、原因、依据和范围等信息,评定目的元数据与评定报告元数据应通过"唯一编码"数据元进行关联,关联关系见图2.6-15。

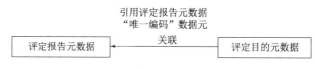

图2.6-15　评定目的元数据关联关系

采用评定内容元数据描述评定主要内容,如技术状况评定、适应性评定等,评定内容元数据与评定报告元数据应通过"唯一编码"数据元进行关联,关联关系见图2.6-16。

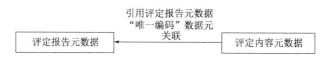

图2.6-16　评定内容元数据关联关系

采用评定结果元数据描述技术状况等级评定结果指标、适应性评定结果指标等信息,评定结果元数据与评定报告元数据应通过"唯一编码"数据元进行关联,关联关系见图2.6-17。

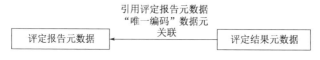

图2.6-17　评定结果元数据关联关系

采用评定结论元数据描述人工岛的使用性能评定结论、安全状况评定结论和养护维修建议等信息,评定结论元数据与评定报告元数据应通过"唯一编码"数据元进行关联,关联关系见图2.6-18。

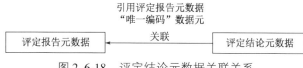

图 2.6-18　评定结论元数据关联关系

2.7　本章小结

根据人工岛的结构特点,建立了人工岛数字模型,各构件/子构件在具有本身结构信息的同时,可将人工岛检测和评定的相关信息附着在结构单元之上,赋予构件/子构件新的使命。建立人工岛数字模型是进行人工岛高效管理和智能化运维的基础。将人工岛评定分为技术状况评定和适应性评定两大类,相应的评定指标分为技术状况指标和适应性指标两类。继而建立了评定信息与结构单元之间的相关关系,制定了人工岛评定数据标准,为后续人工岛评估系统搭建和落地应用提供了基础条件。

本章参考文献

[1] 中交天津航道局有限公司,中交天津港航勘察设计研究院有限公司.水运工程测量规范:JTS 131—2012[S].北京:人民交通出版社,2012.

[2] 中交天津港湾工程研究院有限公司.水运工程混凝土结构实体检测技术规程:JTS 239—2015[S].北京:人民交通出版社股份有限公司,2015.

[3] 中交第一航务工程勘察设计院有限公司.防波堤与护岸设计规范:JTS 154—2018[S].北京:人民交通出版社股份有限公司,2015.

[4] 中国石油天然气集团公司标准化委员会海洋石油工程专业标准化直属工作组.滩海人工岛构筑物管理规范:Q/SY 18003—2017[S].北京:石油工业出版社,2017.

[5] 中国石油天然气集团公司标准化委员会海洋石油工程专业标准化直属工作组.滩海人工岛工程监测技术规范:SY/T 7444—2019[S].北京:石油工业出版社,2019.

第 3 章

人工岛监测与检测

人工岛依据结构特征可分为水下和岛上两部分,监测与检测内容分为岛体结构和周边海洋环境两块内容。海洋环境监测为海洋动力监测,检测内容为水下地形检测。岛体结构监测主要为岛体稳定性监测,检测内容主要为人工岛结构检测。海洋动力监测细分为海洋水文动力环境观测和针对人工岛结构荷载开展的人工岛堤顶越浪监测和岛桥结合段波流力监测。

3.1 岛体稳定性与结构监测

3.1.1 岛体稳定性监测

岛体稳定性监测是通过布置在人工岛上关键部位的北斗监测点,北斗监测点产生的大量空间位移监测数据通过5G技术高速传输到控制中心,提高了北斗监测数据的实时响应性,为人工岛岛体稳定性的实时高效评估奠定基础。

北斗系统可对桥梁、人工岛等交通基础设施构造物的表面位移进行实时自动化监测。工作原理是将北斗监测点与北斗参考点接收机实时接收的北斗卫星信号,通过数据通信网络实时发送到控制中心,控制中心服务器北斗数据处理软件实时差分解算出各监测点三维坐标。数据分析软件获取各监测点实时三维坐标,并与初始坐标进行对比而获得该监测点变化量。北斗实时定位的精度达到厘米级,后处理的精度可以达到毫米级。北斗实时监测点的精度可以满足人工岛对岛体稳定性评定的精度要求。

相对于传统的变形监测技术,利用北斗高精度变形监测技术对桥梁、人工岛等交通基础设施进行变形监测具有以下优势:

(1)自动化程度高

与全站仪等传统的测量工具相比,利用北斗进行监测可实现自动监测、自动记录。监测过程不需要人工操作,能够实现一次布置,多年随时随地获取测量数据。

(2)监测效率高

传统的监测方法监测效率低,获取数据少,而利用北斗进行桥梁、人工岛等交通基础设施位移监测可实现数分钟内得到一组精确定位数据,能够实时监测桥梁等交通基础设施的变形。

（3）可全天候稳定工作

北斗定位所使用的 GNSS 监测仪不易受到温度、湿度、天气和昼夜变化的影响，不需要经常维护，基本可以达到一次安装、多年使用的要求。与传统的测量手段相比，利用北斗技术监测桥梁等交通基础设施变形可以实现全天候全自动的稳定工作。

（4）对地形要求低

北斗定位设备不要求通视条件，受地形、植被影响较小，且体积小、额定功率低，可使用太阳能电池供电，不需要较大的空旷区域，设备的安装和拆除也很方便。

（5）符合国家发展战略

过去我国定位和导航产业长期依赖美国的 GPS 定位系统，对国家的安全和可持续发展造成了巨大的威胁。如今，我国自主研发了北斗卫星导航系统，同时国家大力推广北斗卫星导航系统在民用工程中的应用。因此，将北斗卫星导航技术应用于桥梁、人工岛等交通基础设施安全的在线监测工程，符合国家北斗卫星导航的发展战略。

根据人工岛岛体稳定性的适应性评定需求，分别在人工岛的岛体、岛桥与岛隧接合部区域，一共布设了 24 个北斗监测站，两个人工岛测点位置如图 3.1-1 和图 3.1-2 所示。每个人工岛除了岛桥结合部 3 个测点外，其余 9 个测点均位于岛体本身。在西人工岛上，挡浪墙上布设了 XD1、XD2、XD4、XD5、XD6 和 XD7 共计 6 个测点，配电房上安装了 XD3 和 XD8 两个测点，岛上广场布置了 XD9 测点，其中 XD3、XD8、XD9 与 InSAR 角反射器共点。在东人工岛的挡浪墙上布设了 DD1、DD2、DD4、DD5、DD6 和 DD9 共计 6 个测点，配电房上安装了 DD3 和 DD7 两个测点，岛上广场布置了 DD8 测点，其中 DD3、DD7、DD8 与 InSAR 角反射器共点。各个北斗测点的位置关系如表 3.1-1 所示。

东、西人工岛北斗测点布置情况表　　　　表 3.1-1

人工岛名称	测点描述	测点数量	备注
西人工岛	（1）配电房 XD3 和 XD8； （2）挡浪墙上 XD1、XD2、XD4、XD5、XD6、XD7； （3）岛上广场 XD9	9	XD3、XD8、XD9 与 InSAR 角反射器共点

续上表

人工岛名称	测点描述	测点数量	备注
东人工岛	(1) 配电房 DD3 和 DD7； (2) 挡浪墙上 DD1、DD2、DD4、DD5、DD6、DD9； (3) 岛上广场 DD8	9	DD3、DD7、DD8 与 InSAR 角反射器共点

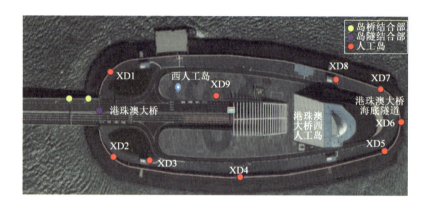

图 3.1-1　西人工岛北斗监测点布置图

图 3.1-2　东人工岛北斗监测点布置图

3.1.2　人工岛结构检测

人工岛检测内容按照部位进行划分，主要有岛体回填区结构、护岸结构、岛内防洪排涝设施、岛内附属结构、配套码头以及暴露试验站。综合各项检测内容,人工岛各部位的检测可主要分为沉降检测、位移检测、钢筋混凝土结构检测、护岸护面检测、护岸越浪检测、护岸护底和水域冲淤检测、机电设施检测、路面检测和其余设施检测。钢筋混凝土结构损坏状况的检测内容具体包括结构表面的蜂窝、麻面、剥落、掉角、空洞、孔洞、裂缝、露筋和钢筋锈蚀,以及混凝土碳化和混凝土强度等。路面损坏状况的检测内容具体包括路面起包、平整度、泛油、磨光、剥落、松散、露骨、坑槽和裂缝等。钢结构损坏状况的检测内容具体包括涂层劣化、锈蚀、焊接开缝、铆钉(螺栓)损失、构件裂缝和构件变形等。人工岛各部位的部件、构件检测项目如表 3.1-2 所示。

人工岛各部位的各部件检测项目　　　　　表 3.1-2

部位	检测部件	检测项目
岛体回填区结构	岛体回填区	沉降
护岸结构	挡浪墙	钢筋混凝土结构损坏状况、沉降、位移
	护面块体(块石)	混凝土结构损坏状况、失稳率、沉降、位移
	护底	失稳率、沉降、位移
	堤前海床	冲刷深度、冲刷范围
	变形缝	变形缝老化、松动或者脱落状况
排水设施	排水箱涵	钢筋混凝土结构损坏状况、堵塞状况
	越浪泵房	钢筋混凝土结构损坏状况
	环岛排水沟	钢筋混凝土结构损坏状况、堵塞状况
	排水井	钢筋混凝土结构损坏状况、堵塞状况
	柔性单向阀	阀门损坏状况、渗漏、堵塞、松动、卡死状况
	越浪泵机	设备各构件损坏状况、电机运行状况、渗漏状况
岛内附属结构	路面铺装	路面损坏状况
	主体建筑	钢筋混凝土结构损坏状况、门窗和顶棚变形、水卫、电照、暖气等设备损坏状况
	综合电缆沟	钢筋混凝土结构损坏状况、堵塞和积水状况
	照明设施	灯具、灯杆和基础损坏状况
	景观广场	砖块和碎石损坏状况
救援码头	沉箱	钢筋混凝土结构损坏状况
	挡墙	钢筋混凝土结构损坏状况
	胸墙	钢筋混凝土结构损坏状况

续上表

部位	检测部件	检测项目
救援码头	栅栏板	钢筋混凝土结构损坏状况、失稳率、位移
	橡胶护舷	橡胶护舷损坏和残缺状况
	系船柱	钢筋混凝土结构损坏状况、底座和固定螺栓状况
	防护栏	栏杆松动、断裂和缺损状况
	航标灯	航标灯松动、锈蚀、损坏、缺失和无损不清状况
	铺面结构	混凝土结构损坏状况
暴露试验站	沉箱	钢筋混凝土结构损坏状况
	钢爬梯	钢结构损坏状况
	平台	钢筋混凝土结构损坏状况
	栏杆	栏杆松动、断裂和缺损状况
	防撞设施	防撞设施损坏状况、松动状况
	结构柱(梁)	钢筋混凝土结构损坏状况

对于岛体回填区,主要检测部件为岛体回填区的沉降。在护岸结构中主要检测部件为挡浪墙、护面块体(块石)、护底、堤前海床和变形缝等。在对挡浪墙检测期间,重点关注挡浪墙钢筋混凝土结构损坏状况、沉降和位移等项目。在护面块体(块石)的检测过程中,重点检测项目包括混凝土结构损坏状况、失稳率、沉降和位移等。在对护底检测期间,重点关注护底的失稳率、沉降、位移等项目。在堤前海床的检测过程中,重点检测项目包括堤前海床的冲刷深度和冲刷范围等内容。对于挡浪墙变形缝的检测,重点关注变形缝老化、松动或者脱落状况等。

岛内防洪排涝设施部位的主要检测部件为越浪泵房、泵机、环岛排水沟、排水箱涵、排水井和柔性单向阀等部件。在对排水箱涵、环岛排水沟和排水井检测期间,重点关注相关钢筋混凝土结构损坏状况和堵塞状况等项目。在越浪泵房和越浪泵机的检测过程中,重点检测项目包括泵房的钢筋混凝土结构损坏状况、泵机设备各构件的损坏状况、电机运行状况、渗漏状况等内容。在对柔性单向阀检测时,主要检测阀门损坏状况、渗漏、堵塞、松动、卡死状况等。

岛内附属结构部位的主要检测部件为路面铺装、主体建筑、综合电缆沟、照明设施和景观广场等部件。在路面铺装检测期间,重点关注路面损坏状况。在主体建筑的检测过程中,重点检测项目包括钢筋混凝土结构损坏状况、门窗和顶棚变形、水卫、电照、暖气等设备损坏状况等内容。在综合电缆沟检测时,主要检测钢筋混凝土结构损坏状况、堵塞和积水状况等方面。对于照明设施的检测,重点检测灯具、灯杆和基础损坏状况等内容。在景观广场检测时,主要检测砖块和碎石损坏状况。

对于配套码头的检查,主要部件为沉箱、挡墙、胸墙、栅栏板、橡胶护舷、系船柱、防护栏、航标灯和铺面结构等部件。在沉箱、挡墙和胸墙检测期间,重点关注钢筋混凝土结构损坏状况。对于铺面结构的检测,重点是检测混凝土结构损坏状况。在栅栏板检测时,主要检测橡胶护舷损坏和残缺状况。对于系船柱的检测,重点检测项目包括钢筋混凝土结构损坏状况、底座和固定螺栓状况等方面。对于防护栏的检测,则重点关注栏杆松动、断裂和缺损状况。在对航标灯检测期间,主要检测航标灯松动、锈蚀、损坏、缺失和无损不清状况。

暴露试验站部位的主要检测部件包括沉箱、钢爬梯、平台、栏杆、防撞设施和结构柱(梁)等部件。在对沉箱、平台和结构柱(梁)的检测期间,重点关注钢筋混凝土结构损坏状况。对于钢爬梯的检测,重点检测钢结构损坏状况。在对栏杆检测时,主要检测栏杆松动、断裂和缺损状况。对于防撞设施的检测,重点检测防撞设施损坏、松动状况。

3.2 海洋动力监测

港珠澳大桥海洋实时水文监测站位于青州桥西北侧的四号平台,距大桥直线距离约100m,另外在西人工岛右侧航道处和风帆桥三号平台处设置两个临时监测站。海洋水文和环境的监测内容包括潮位、风速风向、波浪、流速流向以及水体含沙量。由于西人工岛受岛体影响且位于中华白海豚国家级自然保护区内,因此不适合布置长期监测站。四号平台位于伶仃洋中部、青州桥航道西侧,四周无遮挡,水深约7m,条件比较适宜。同时西人工岛右侧航道处和风帆桥三号平台的两个临时监测站的数据可以与四号平台数据对比,来验证四号平台长期监测站数据的代表性。

海洋水文监测系统选取了合适的监测仪器类型和数据传输模式等,该系统于2020年8月中旬安装固定完毕并投入使用,测站所用监测仪器见图3.2-1。

图 3.2-1　测站所用监测仪器

3.2.1　监测设备与方法

（1）温度盐度

温度盐度监测一般采用温盐深测量仪，温盐深（Conductivity Temperature Depth，CTD）测量仪用于测量水体的电导率、温度及深度三个基本的水体物理参数。根据此三个参数，还可以计算出其他各种物理参数，如声速等。温盐深测量仪是海洋监测的必要设备，具体仪器见图 3.2-2。

图 3.2-2　温盐深测量仪

CTD 测量仪自 1974 年问世后很快被用于海洋调查。我国的海洋调查也日益广泛地使用 CTD 测量仪。CTD 测量仪和其他一些高准确度、快速取样仪器以及卫星监测手段的联合应用，使得海洋监测和海洋学研究进入了一个全新的阶段，并推动了海洋中、小尺度过程和海洋微细结构的研究。

温盐深测量仪主要由水中探头和记录显示器及连接电缆组成。探头由热敏元件和压敏元件等构成并安装在支架上,可安装在不同深度。

(2)波浪

波浪监测手段多种多样,按照测量方法可以分为人工监测法、仪器测量法和遥感反演法。人工监测法可分为人工目测法和光学测波仪监测法;仪器测量法可分为测杆测波法、压力式测波法、声学式测波法、重力式测波法和激光式测波法;遥感反演法可分为雷达测波、卫星测波和摄影照相测波,主要有X波段雷达测波、高频地波雷达测波、合成孔径雷达(Synthetic Aperture Radar,SAR)测波、卫星高度计测波和摄影照相测波等。国内很多学者都对这些监测手段的原理和国内外现状进行了研究。近海海洋工程波浪观测中较为广泛使用的测波方法主要包括压力式测波、声学测波和重力式测波等。在观测要素、数据精度、仪器设备安全、观测成本等方面各有特点,需要根据不同的任务需求选择。

压力式测波仪安装在水下,体积小、观测时间长、易于布放,所依托的观测系统结构简单,缺点是无法进行波向观测。重力式浮标测波仪具有通信方式灵活、测量准确度高、易于维护等优点,可长期连续观测,缺点是强流和大风会影响测量准确度,恶劣海况可能会导致锚系断裂、走锚,导致设备损毁、丢失,在特定波浪作用下可能发生共振。声学测波仪安装在水下或是海底,避免了海面大风浪对观测系统的破坏,具有测量准确度高、操作简单的特点,适合在恶劣海况下长期观测。考虑四号平台位于珠江口,容易受台风影响,且需要观测波向,因此选择挪威Nortek公司生产的AWAC声学式测波仪器进行长期监测。

挪威Nortek公司生产的AWAC声学多普勒波浪海流剖面仪(俗称"浪龙")是一款自容式测波仪。根据多普勒原理,运用矢量合成法测海流的垂直剖面分布,在不对流场产生任何扰动的情况下,能够实时测量多层次的海水流场信息,也不存在机械惯性和机械磨损等问题。利用AWAC来监测波浪进行波浪反演研究,既有仪器阵列测量方向谱的高精度,又有良好的操作性,使得波浪测量准确、高效、经济,因而得到了越来越多的关注。它小巧坚固,配备压力传感器,可以同时测量波高、波向、流速剖面等,具有全天候的波浪、海流监测能力,在海洋波流监测中有广泛的应用。其波高测量精度指标为测量值的±1%,波向误差±2°,周期范围0.5~30s。"浪龙"根据测得的3组不同的波浪数据,计算出波高和周期,这3组数据分别是压力、波浪轨道速度和波高表面位置。压力由高精度的压电电阻元件测量得到,波浪轨道速度根据沿每个波束的多普勒频移得到,波高表面位置由表面声跟踪(Acoustic Surface Tracking,AST)测量得到。对于表面声跟踪测量,AST是设备中间的专用传感器,可沿垂直声束发射一个短的声学脉冲,其水面反射信号能够被很好地处理,可获得厘米以下的精度。AST不受流速和压力信号衰减的影响,可不受干扰地对水表面进行直接测量,其监测波浪的最小波周期可达0.5s。由于波浪本身是一个随机事件,所以开始测量之前需要设置测量周期和采样数。测量开始后,测量单元和AST窗口会随流速剖面变化自动做出相应的调整,并立即发射测波脉冲。流速单元和AST窗口的位置、大小由最小压力值决定。通过自动调节测波脉冲,"浪龙"可确保测量各种波浪的信号水平和数据质量最优,同时还可以自动计算最大的潮汐变化,具体仪器见图3.2-3。

图3.2-3 "浪龙"AWAC声学测波仪

(3)海流

海流实时监测一般采用声学多普勒海流计。声学多普勒海流计是利用声学多普勒效应原理,测量距离换能器一定距离处的水体某一区域的平均流速、流向的点式海流计。其是非接触测量,具有声速可以自动校准、能连续记录、仪器无活动部件、无摩擦和滞后现象、测量时感应时间快、测量精度高、可测弱流等优点;其缺点是仪器存在本身的发射功率、电池寿命和声波衰减等问题,因此该类仪器在某些领域的使用受到了一定的限制。

目前比较成熟的声学多普勒海流计主要有挪威诺泰克公司生产的"小阔龙""威龙""小威龙"系列,美国TRDI公司生产的"骏马"系列和挪威安德拉公司生产的RCM9型多普勒海流计。其中以挪威诺泰克公司生产的海流计最为全面,测量环境涵盖深海、浅海和试验室,涉及水深从6000m深的大洋到十几厘米深的试验室水槽。"浪龙"AWAC声学测波仪也具有剖面测流功能,因此选用"浪龙"AWAC可以同时进行波浪和海流观测,具体仪器见图3.2-4。

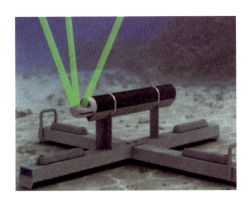 

图 3.2-4 声学多普勒海流计

(4) 潮位

潮位监测仪器可分为两类,一类是人工监测仪器,另一类是自记水位计。人工监测仪器主要是水尺(不含电子水尺),自记水位计包括悬锤式水位计、浮子式自记水位计、压力式水位计、超声波水位计、雷达水位计、电子水尺、激光水位计等多种仪器,都能自动记录水位变化过程,并应用于水文自动测报系统。

水尺、悬锤式水位计、浮子式水位计、压力式水位计、液介式超声波水位计、电子水尺属于接触式测量,测量水位时,仪器和水体有不同程度的接触。雷达水位计、气介式超声波水位计、激光水位计属于非接触式测量,测量时不和水体接触,不受水体情况影响。

水尺和压力式水位计、超声波水位计、雷达水位计,不仅适用于常规情况下的水位监测,同时因其安装方便也常常用于水文应急监测时的水位监测。

雷达水位计的典型波段为 5.8GHz、10GHz、24GHz。通常 5.8GHz(或 6.3GHz)的频率称为 C 波段微波,10GHz 的频率称为 X 波段微波,24GHz(或 26GHz)的频率称为 K 波段微波,目前水文部门使用较多的为 K 波段微波。

雷达水位计也称微波水位计,其工作原理与气介式超声波水位计完全一致,只是不再使用超声波,而是向水面发射和接收微波脉冲。在正常的气温变化范围内,雷达波在空气中的传播速度,可以被认为是不变的。无须温度修正,大大提高了水位测量准确度。雷达波在空气中传输时,损耗很小,可以用于更大的水位变化范围。

雷达水位计基本上都是一体化结构,内部包括雷达波发射接收天线和发送接收控制部分,可能带有记录部分,肯定有通信输出接口,还有电缆连接和供电电源。雷达水位计既不接触水体,又不受空气环境影响,优点很明显。它可用于各种水质和含沙量水体的水位测量,准确度很高,且不受温度、湿度影响,可以在雾天测量,水位测量范围大并且基本没有盲区,功耗较小便于电源的设置。因此雷达水位计可应用于各站水文测站的水位监测,具体仪器见图 3.2-5。港珠澳大桥实时监测站依托四号平台,适合安装雷达式测波仪。

图 3.2-5　雷达水位计

(5)水体含沙量

水体含沙量一般通过光电测沙仪进行自动监测,原理如下:纯海水是无色透明的,光线穿过纯净水体时,在较短距离内只会有微弱的吸收。然而,当平行光线穿过浑浊的液体时,由于液体浑浊度不同,光强度在一定距离后会有不同程度地显著减弱。这种减弱主要是由于光线被浑浊液体中的介质吸收、反射和散射。通过测量光线强度和原发射光强度的比较,以及考虑传输距离等因素,可以计算出液体的浊度,该公式可表示为:浊度 = 测量的光强度/原发射的光强度。泥沙含量是影响水体浊度的最重要因素,而在许多情况下,它也是决定浊度的唯一因素。如果存在泥沙含量和浊度之间的稳定关系,就可以利用测量浊度的方法来推算含沙量。因此,光电测沙仪利用光强度衰减测量浊度,进而测得水中的含沙量。实际生产中,光电测沙仪使用各种光线,例如红外光或激光。在测量原理上也不一定完全应用上式简单的比例关系进行计算,这是因为实际情况中存在多种因素会影响光线在液体中的传播和测量结果,例如光的散射、反射、吸收效应、传输距离的衰减等。

光电测沙仪由水下部分、水上部分、联接电缆、电源部分组成。水下部分是一整体结构,包括一对发射、接收光线的传感器,两传感器之间的距离为光程 L;水下部分也包括工作控制和光通量测量、信号转换部分,通过电缆向水上发送的是测得的光通量信号。水上部分很可能是一台个人计算机,用电缆与水下部分联接。应用提供的专用软件,用计算机向水下部分发出工作指令,接收水下测得的光通量信号,再经计算后求得含沙量。计算机有数据处理和再传输的功能。用于自动工作的仪器也可能配有专用水上仪表。通信电缆联接水上、水下部分,同时向水下部分供电。

光电测沙仪能自动长期工作,自动测量含沙量,测量速度很快,测得数据可以很方便地长期存储和供自动传输。可作为水文自动测报系统的自动测沙传感器。然而,光电测沙仪的准确度较差,而且要严格地限制在泥沙粒径范围内。另外,泥沙含量较大时,测量准确度没有保证。它的一般适用范围在 $5kg/m^3$ 以下,只能应用于低含沙量、较稳定的泥沙粒径、较大的允许误差条件下。港珠澳大桥实时监测站位于伶仃洋海域,水体含沙量满足光电测沙仪要求,因此选用光电测沙仪进行水体含沙量测量,具体仪器见图 3.2-6。

图 3.2-6　光电测沙仪

(6)风速风向

固定监测风速风向一般采用风速风向仪。可测定风向、风速(平均风速,瞬时风速)。在监测中为了使所测得数值具有一定代表性,一般是取某一时段内的平均风速和最多风向。试验表明:取 10min 时段内的平均值即可以达到一定代表性的要求;在大多数风的阵性涨落不大的情况下,取 2~3min 时段内的平均值也可达到一定代表性的要求。因此,一般自记仪器是取 10min 的平均风速和最多风向,具体仪器见图 3.2-7。

图 3.2-7　风速风向仪

3.2.2　智能化技术应用

海洋动力监测系统包括监测传感器、数据传输存储及后台软件等部分,通过搭载不同类型的传感器,可以完成对海洋动力数据的测量。系统能够全天候无人值守、连续同步测量海上的波浪、潮汐、盐度、海温、气温、气压等海洋环境要素数据。通过卫星通信方式将实时监测数据自动传输至监测预报中心。建立海洋水文数据库,对监测数据进行分类,按照相应的数据格式进行存储。海洋动力自动化监测系统主要由数据采集器和无线传输终端、太阳能供电系统、传感器等几个部分组成,自动化监测系统构成见图 3.2-8。

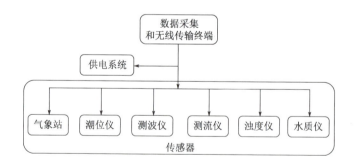

图 3.2-8　自动化监测系统构成

(1) 数据采集和无线传输终端

数据采集与控制子系统包括处理机、控制器、硬件接口以及相应软件,是监测系统的控制核心与数据处理中心,能够完成对各类传感器的信号采集及处理,并将处理后的数据通过通信系统发送到用户的接收站,同时实现过程控制以及对电源的管理。

(2)供电系统

供电系统一般选用其他能源补充方式与蓄电池相结合,目前最常用的能源补充方式为太阳能,也可使用波浪能、风能等。供电子系统为系统上所有能源的唯一出处,为确保系统布放后能够较长时间稳定工作,需要计算出一定时间内的总用电量,并且预留足够的冗余量。近年来,太阳能电池和铅酸蓄电池组合供电方式在系统上得到很广泛的应用,这为系统长期、连续、可靠工作创造了有利条件。

(3)传感器

传感器是指能感受规定的被测量信息并按照一定的规律转换成可用信号的器件或装置。传感器是一种检测装置,能感受到被测量的信息如压力、位移、振动、温度、声音、光强等,并能将检测感受到的信息,按一定规律变换为电信号或其他所需形式的信息输出,以满足信息的传输、处理、存储、显示、记录和控制等要求,它是实现自动检测和自动控制的首要环节。

传感器的输出电信号有两种,一种是连续变化的信号,我们称之为模拟量。如光电二极管输出的电流随光照强度大小而变化就是一种连续变化的物理量。另外一种是开关信号,为"有"和"无"两种状态的数字量,通常用"1"表示"有",用"0"表示"无",如干簧继电器的"通"与"断"。

简单地说,传感器是将外界信号转换为电信号的装置,所以它由敏感元器件(感知元件)和转换器件两部分组成。敏感元器件品种繁多,就其感知外界信息的原理来讲,可分为:①物理类,基于力、热、光、电、磁和声等物理效应;②化学类,基于化学反应的原理;③生物类,基于酶、抗体和激素等分子识别功能。通常据其基本感知功能可分为热敏元件、光敏元件、气敏元件、力敏元件、磁敏元件、湿敏元件、声敏元件、放射线敏感元件、色敏元件等10大类。

相对于传统的传感器应用,海洋领域的传感器由于使用环境特殊和检测对象的不同而与陆上应用的传感器及传感方法有所不同,但基本原理仍然一致。海洋领域的检测要素主要包含:①物理海洋信息;②海洋地质信息;③海洋地球物理信息;④海洋化学成分;⑤海洋生物信息;⑥水下声学探测信息等。针对这些检测要素所需用到的传感器有多种类别,譬如基于声学传感技术的方法、基于光学传感技术的方法和基于电磁传感技术的方法等。

3.2.3 成果应用

海洋水文实时监测系统于 2020 年 8 月中旬安装固定完毕,便立即开展监测。2020 年 8 月 19 日—20 日台风"海高斯"在珠海金湾登陆,登陆期间监测站对台风"海高斯"进行了全程监测,并对台风期间的海洋动力数据进行了整理和分析。

根据监测站实测数据,台风"海高斯"登陆期间,最高潮位为 2.57m,出现时间为 2020/8/19 8:20,最低潮位为 -0.46,出现时间为 2020/8/19 16:20,见图 3.2-9;瞬时风速最大值为 26.13m/s,其风向为 126°;2min 平均风速最大值为 20.47m/s,其风向为 108°;10min 平均风速最大值为 21.13m/s,其风向为 128°,台风登陆期间出现频率最高的为 SE 向来风,其次是 NE 向来风,详见表 3.2-1。

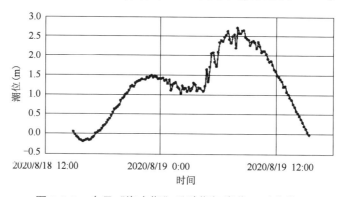

图 3.2-9 台风"海高斯"登陆期间潮位历时曲线图

台风登陆期间风速最大值统计表　　表 3.2-1

风速统计值	最大瞬时风速	2min 平均风速	10min 平均风速
最大风速值(m/s)	26.13	20.47	21.13
对应风向(°)	126	108	128
出现时间	2020/8/19 5:50	2020/8/19 5:40	2020/8/19 5:50

对台风登陆期间的波高 $H_{1/3}$ 进行波级统计,见图 3.2-10,施测海域主要以 3 级(小浪)为主,即波高 $H_{1/3}$ 出现频率最大波段在 0.5~1.25m 之间,占监测期间波高总数的 48%;其余为 2 级(小浪)和 4 级(中浪),频率分别为 31% 和 21%。台风登陆时,波高 $H_{1/3}$ 最大值为 1.99m,属于 4 级浪。台风登陆期间波向主要集中在 S 向,占期间波浪的 27.6%,其次为 SE 向,占期间波浪的 17.2%。

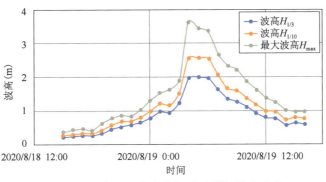

图 3.2-10　台风"海高斯"登陆期间波高变化

台风登陆期间,测站涨潮最大流速为 1.05m/s,对应流向为 6°,出现在底层,出现时间为 2020/8/19 6:50;测站落潮最大流速为 1.70m/s,对应流向为 179°,出现在表层,出现时间为 2020/8/19 15:00。

选取台风期间 2020 年 8 月 18 日 15 时—19 日 15 时之间的水体含沙量数据,绘制水体含沙量变化图,见图 3.2-11。由图可知,台风期间测站最大水体含沙量为 1.53kg/m³,出现在 2020/8/19 7:00。

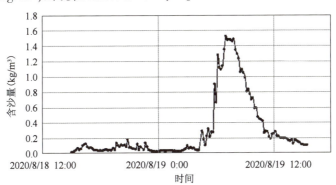

图 3.2-11　台风"海高斯"登陆期间水体含沙量变化图

3.3　波流力与越浪量监测

3.3.1　监测方案

(1)波流力监测

港珠澳大桥岛桥结合部由于客观条件限制,桥面高程较低,在高潮位大波浪的水文条件下,波浪可能触及桥面底部箱梁及面板,形成对桥梁底板向上的浮托作用力以及面板的水平冲击力。这种波浪作用力与波浪对桥墩基础的作用力特性差别很大,往往会在较短时间里形成强度极大的冲击力,导致梁体偏移或滑动,对桥梁结构危害较大。为此,选择西人工岛岛桥结合段的第一跨箱梁作为监测对象。通过研发箱梁波压力现场测量系统,监测港珠澳大桥岛桥接合段箱梁波浪压强变化,及时获取运营期间波浪对港珠澳大桥岛桥结合部上部结构的作用力及影响,为防灾减灾预案制定提供指导。

岛桥结合部波流力监测系统现场布置如图 3.3-1 所示。为测量箱梁结构所受波流力,在港珠澳大桥西人工岛岛桥结合部箱梁沿桥轴线方向布置 6 个波压力测量断面,见图 3.3-2a)中 A~F 断面。其中 A 断面距人工岛前沿线 5m,A~E 断面间距为 10m,E 和 F 断面距离分布在第一跨桥墩中心两侧,与第一跨桥墩中心相距 3m。

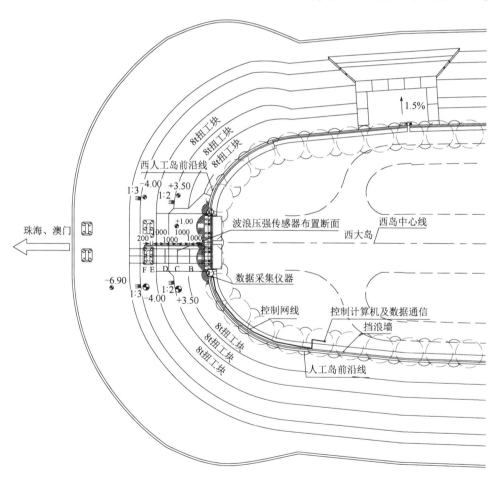

图 3.3-1 岛桥结合部波浪压强测量系统现场布置

注:图中尺寸单位为 cm,高程单位为 m。

针对每个断面设置 4 个波压力测点,如图 3.3-2b) 中 1~4 号所示。由于靠外海侧箱梁直接承受波浪的冲击作用,对箱梁稳定性影响最大,故针对每一断面在外海侧箱梁底面和侧面分别布置 2 个波压力测点。上述测点的监测数据可以反映波浪对箱梁冲击过程的时空变化特征。

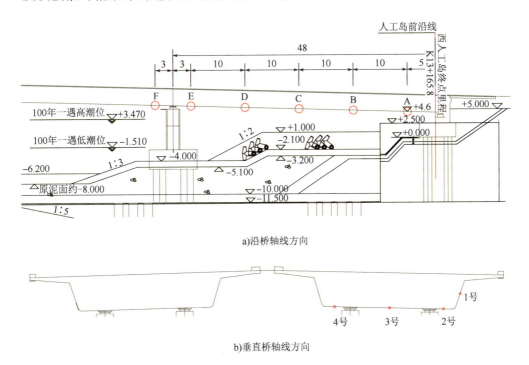

图 3.3-2 港珠澳大桥西人工岛岛桥接合部压强测点位置（尺寸单位：m）

（2）越浪量监测

越浪量是指单位时间和宽度内波浪翻越人工岛挡浪墙时的水体流量。当人工岛外侧潮位较高、海浪较大时,海浪作用到人工岛挡浪墙后破碎及爬高,一部分水体会越过挡浪墙,形成越浪。越浪量的大小不同,对人工岛的影响及破坏差异较大。影响人工岛越浪量的因素较多,是一个复杂而又重要的海堤工程设计参数。基于美国、日本、欧盟的相关研究成果,一般认为,平均越浪量在小于 $2 \times 10^{-5} m^3/(m \cdot s)$ 的条件下,才能够满足堤防后方的行人及行驶车辆安全要求。我国是世界上受风暴潮影响最为严重的国家之一,引起风暴潮的灾害性天气过程包括台风、寒潮和温带气旋等,其中台风引起的风暴潮是我国沿海地区特别是东南沿海经常遭遇的自然灾害,对国家经济建设、人民生命财产安全和社会稳定运行带来巨大影响。台风和风暴潮叠加对沿海造成的破坏很多是由越浪量引起:①越浪量过大,越浪导致海水倒灌,直接导致人工岛的洪涝灾害;②一些大的越浪也会破坏防浪墙后方的路面、房屋、管线,大的越浪量也会对行人、车辆造成极大危险。

越浪量的现场测量除需考虑现场环境恶劣、风浪大、海水腐蚀性强外,还需实现越浪量自动实时测量,分析上也需消除降水的影响。

西人工岛东西向布置,岛体形状呈椭圆形,采用迎浪面为斜坡堤,堤顶设置防浪墙。根据工程区水文动力自然条件分析,工程区强浪向为 SSW 向。故西南侧岛体受强浪正向冲击,堤顶越浪量普遍大于其他岸段。综合上述因素,在西人工岛西南侧布置 1 个越浪量监测点。平面位置如图 3.3-3 所示。

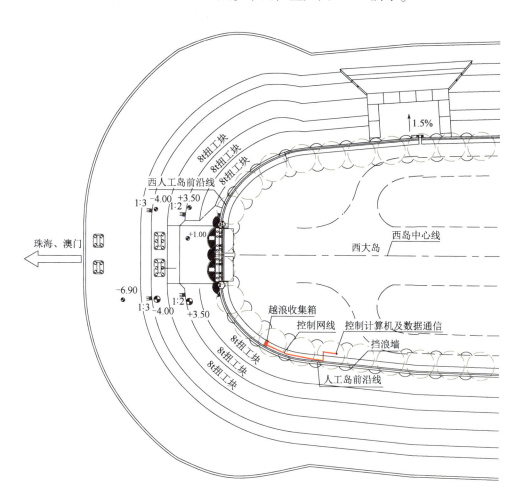

图 3.3-3　西人工岛越浪量测量系统现场布置

注：图中尺寸单位为 cm,高程单位为 m。

3.3.2 监测设备与方法

(1)波流力监测

岛桥结合部箱梁波流力监测系统主要由压强传感器、数据采集仪和控制及通信系统组成,系统架构见图3.3-4。

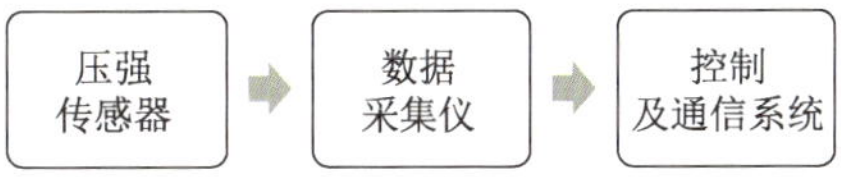

依据港珠澳大桥与西人工岛的平面布置,对监测系统进行了平面布置,见图3.3-1。依据压强测点布置传感器,通过多芯屏蔽线与数据采集仪连接,数据采集仪布置于桥梁箱涵中,通过屏蔽网线与控制计算机连接,控制计算机则安装于越浪泵房室,并与通信网络连接,实现实时通信。

图3.3-4 现场波压力监测系统结构

针对港珠澳大桥高温高湿高盐的特点,本次监测采用的波压力测量系统传感器、采集仪以及控制器等相关仪器参数如下:

①传感器。

采用硅压力式,外观为圆饼形,尺寸直径20cm,高度约4cm,采用有线传输,见图3.3-5。

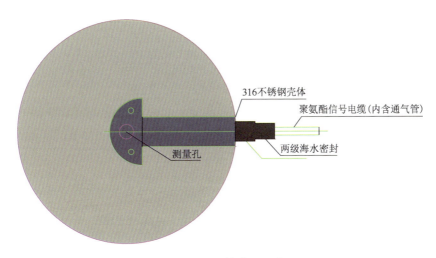

图3.3-5 压强传感器示意图

波浪压强传感器设计参数:

测量范围:0~200kPa;

输出:4~20mA;

准确度:0.2%FS,0.5%FS;

使用温度：$-40 \sim +85℃$；

外形尺寸：$27mm \times 110mm$ + 异形铜镍合金头 $50mm$；

温度影响系数：$\pm 0.15\% FS/10℃$；

稳定性：优于 $\pm 0.2\% FS/$ 年；

电源电压：DC 12V；

过载极限：额定量程的 1.5 倍。

②采集仪。

为 64 通道，采样频率 $1 \sim 50Hz$，采样 220V 交流电源供电。

③控制系统。

为单独 PC，通过安装专用软件，并连接互联网，实现远程控制。

对压强传感器进行测试校核。校核在试验室内进行，校核方法为静压测量，将各传感器分别置于 1m、2m 水深处，测量静压强，结果见表 3.3-1。可见压强相对误差均小于 1%。

压强传感器校验记录　　　　　　　表 3.3-1

传感器号	第一次			第二次		
	压强(kPa)	测量值(kPa)	相对误差	压强(kPa)	测量值(kPa)	相对误差
1	9.8	9.78	-0.2%	19.6	19.55	-0.3%
2	9.8	9.85	0.5%	19.6	19.52	-0.4%
3	9.8	9.81	0.1%	19.6	19.65	0.3%
4	9.8	9.86	0.6%	19.6	19.62	0.1%
5	9.8	9.79	-0.1%	19.6	19.71	0.6%
6	9.8	9.80	0.0%	19.6	19.65	0.3%
7	9.8	9.82	0.2%	19.6	19.57	-0.2%
8	9.8	9.76	-0.4%	19.6	19.53	-0.4%
9	9.8	9.73	-0.7%	19.6	19.51	-0.5%
10	9.8	9.83	0.3%	19.6	19.65	0.3%
11	9.8	9.82	0.2%	19.6	19.62	0.1%
12	9.8	9.81	0.1%	19.6	19.53	-0.4%
13	9.8	9.84	0.4%	19.6	19.7	0.5%
14	9.8	9.72	-0.8%	19.6	19.58	-0.1%
15	9.8	9.78	-0.2%	19.6	19.52	-0.4%

续上表

传感器号	第一次			第二次		
	压强(kPa)	测量值(kPa)	相对误差	压强(kPa)	测量值(kPa)	相对误差
16	9.8	9.82	0.2%	19.6	19.63	0.2%
17	9.8	9.77	−0.3%	19.6	19.46	−0.7%
18	9.8	9.77	−0.3%	19.6	19.48	−0.6%
19	9.8	9.82	0.2%	19.6	19.72	0.6%
20	9.8	9.80	0.0%	19.6	19.59	−0.1%
21	9.8	9.80	0.0%	19.6	19.58	−0.1%
22	9.8	9.73	−0.7%	19.6	19.62	0.1%
23	9.8	9.83	0.3%	19.6	19.67	0.4%
24	9.8	9.87	0.7%	19.6	19.6	0.0%

波浪压强监测系统安装如图3.3-6～图3.3-8所示。通过远程操作系统,对现场压强传感器进行控制,并将现场测量数据传输至工控机,存储至云平台服务器的数据库。

图3.3-6　现场安装照片　　图3.3-7　压强传感器　　图3.3-8　压强数据采集箱

（2）越浪量监测

西人工岛越浪量监测系统主要由越浪收集箱、越浪量测量仪和控制及通信系统组成,系统架构见图3.3-9。

依据港珠澳大桥与西人工岛的平面布置,对越浪监测系统进行了平面布置。

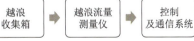

图3.3-9　越浪量现场测量系统结构

现场收集越浪水体后,通过越浪量流量仪器实时测量,通过多芯屏蔽线与控制计算机连接,控制计算机则安装于越浪泵房室,并与通信网络连接,实现实时通信。

针对越浪量测量,研制了越浪量收集箱、越浪量测量仪及控制器等相关仪器,各仪器参数如下：

①越浪量收集箱。

越浪量收集箱采用不锈钢制作,长×宽×高为 5.0m×1.0m×1.0m,底部采用不锈钢桁架结构,具体见图3.3-10。

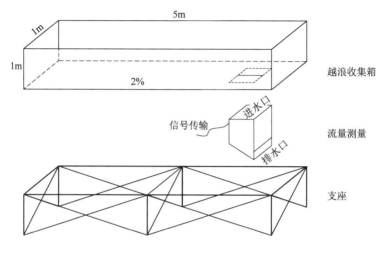

图 3.3-10　越浪收集箱结构图

②越浪量测量仪。

越浪量测量仪采用电磁流量计,该流量计采用当代电磁流量最新技术制造,技术参数见表3.3-2。

越浪量测量流量计主要参数　　　　表3.3-2

最高流速		15m/s
精确度（参见精度曲线）	DN15～DN600	示值的±0.3%(流速≥1m/s)、±0.2% ±3mm/s(流速<1m/s)
	DN700～DN2600	示值的±0.5%(流速≥0.8m/s) ±4mm/s(流速<0.8m/s)
流体电导率		≥μS/cm
公称压力	DN15～DN150	4.0MPa
	DN15～DN600	1.6MPa
	DN200～DN1000	1.0MPa
	DN700～DN2600	0.6MPa
环境温度	传感器	-25～+60℃
	转换器及一体型	-10～+60℃

续上表

衬里材料及最高流体温度	衬里材料	分离型	一体型
	聚四氟乙烯	100℃;150℃(需特殊订货)	70℃
	聚氟合乙烯	100℃;150℃(需特殊订货)	70℃
	聚全氟乙丙烯	100℃;150℃(需特殊订货)	70℃
	聚氯丁橡胶	100℃;150℃(需特殊订货)	70℃
	聚氨酯	80℃	70℃
信号电极形式	固定式(DN15~DN2600)刮刀式(DN1500~DN1600)		
信号电极和接地材料	含钼不锈钢、哈氏合金B、哈氏合金C、钛、钽、铂-铱合金、不锈钢涂覆碳化钨		
连接法兰材料	碳钢		
接地法兰材料	不锈钢 1Cr18Ni9Ti		
进出保护法兰材料	DN15~DN600	不锈钢 1Cr18Ni9Ti	
	DN700~DN2600	碳钢	
外壳防护	DN15~DN150 分离型橡胶或聚氨酯衬里传感器	IP65、IP68(特殊订货)	
	DN200~DN2600 分离型橡胶或聚氨酯衬里传感器	IP68 水下 10m	
	其他传感器和所有转换器	IP65	
间距(分离型)	转换器距传感器一般不超过100m,超过100m需特殊订货		

具有下列特点：

测量不受流体密度、黏度、压力和电导率变化的影响。

测量管内无阻碍流动部件,无压损,直管段要求较低。

转换器采用新颖励磁方式,功耗低、零点稳定、精确度高。流量范围度可达1500∶1。

转换器可与传感器组成一体型或分离型。转换器采用高性能微处理器,液晶显示器(Liquid Crystal Display,LCD)显示,参数设定方便,编程可靠。

流量计为双向测量系统,内装三个计算器:正向总量、反向总量及差值总量,可显示正、反流量,并具有多种输出,电流、脉冲、数字通信、可寻址远程高速协议(Highway Addressable Remote Transducer,HART)。

转换器采用表面安装技术(Surface Mount Technology,SMT),具有自检和自诊断功能。

橡胶和聚氨酯衬里传感器为本质沉浸结构。

控制系统为单独 PC,通过安装专用软件,并连接互联网,实现远程控制。另外,为方便监测,在越浪收集箱上方安装有视频监测设备。

对流量监测进行测试校核。校核在试验室内进行,校核方法为通过量水堰输入流量,利用监测系统测量,比较结果见图 3.3-11。可见测量相对误差均小于 3%。

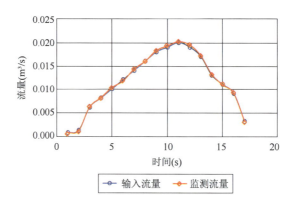

图 3.3-11 越浪量监测系统检验结果

现场安装照片见图 3.3-12。

图 3.3-12 越浪量监测系统安装完毕现场照片

3.3.3 智能化技术应用

波流力和越浪量监测,基于 Modbus TCP 标准通信协议下,通过以太网总线组网方式将可编程控制器(Programmable Logic Controller,PLC)作为从站,工控机作为主站进行信号传输。主要作用是将可编程控制器集中的各压强传感器输出测量信号、雨量计和流量计组采集的数据送入工控机。由工控机通过上位机软件对各压力传感器信号数据、降雨量和流量数据进行后端处理,主要实现数据处理、结果保存、曲线显示、链路分配等功能。

进一步通过Internet网络云平台,将工控机处理并压缩好的数据传输至云平台服务器的数据库。在此基础上即可在远程计算机上建立虚拟通信端口,通过Internet网络访问数据库,实现远程监测表面压强、越浪量的目的。

远程虚拟通信端口设计,通过LabVIEW语言编写建立的波压强、越浪量远程监测的软件界面,利用互联网对现场监测数据进行访问。

图3.3-13和图3.3-14分别为波压力和越浪量的用户终端监测界面示意图。

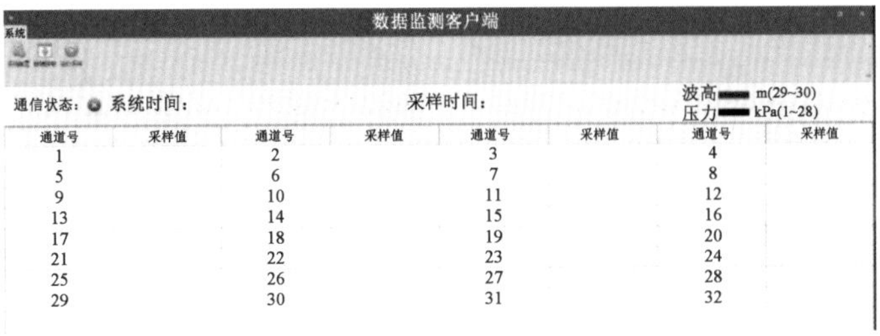

图 3.3-13　波压力用户终端监测界面

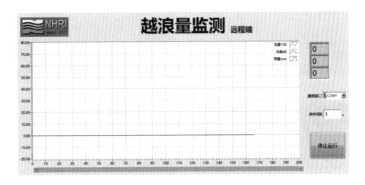

图 3.3-14　越浪量用户终端监测界面

3.3.4　监测成果分析

波流力现场监测系统从2020年10月9日完成仪器安装,监测系统自动不间断采集数据,按年月日自动生成文件夹,每小时形成一个数据文件,每个文件包含所有传感器间隔0.1s的采样数据,由程序自动压缩,每月共 $30 \times 24 = 720$ 个文件。其中数据采集仪保存有三个月的监测数据,而控制系统则保存所有监测数据。另外,测量数据可通过网络远程监控。

越浪量监测系统自从 2020 年 10 月 9 日完成仪器安装,在每次台风或风暴潮影响工程区域期间,均在影响期间按小时保存有视频录像。2021 年 10 月—2022 年 11 月间的人工岛护坡波浪运动监控情况如图 3.3-15 所示。

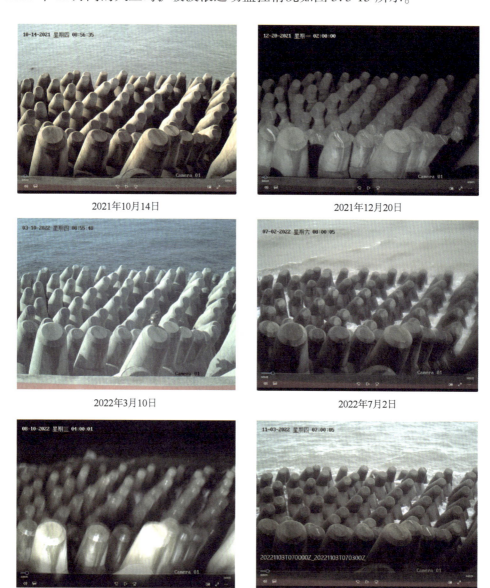

2021年10月14日	2021年12月20日
2022年3月10日	2022年7月2日
2022年8月10日	2022年11月3日

图 3.3-15 越浪量监控照片

自从 2020 年 10 月 9 日完成仪器安装,虽然期间经历过几次台风或强热带风暴影响,但 2021 年港珠澳大桥观测到最大波高 2.31m,2022 年港珠澳大桥观测到最大波高3.09m,且大浪时同步潮位不高,波浪均未对大桥上部结构形成波浪压强作用,未触及港珠澳大桥西人工岛防浪墙,未形成越浪。

3.4 水下地形检测

3.4.1 检测方案

1) 检测范围

根据港珠澳大桥工可阶段相关研究报告,制定本次对于人工岛的水下地形检测范围为覆盖人工岛水域,沿岛轴线长度约1000m,岛体上、下游各1500m范围,水下检测范围如图3.4-1所示。

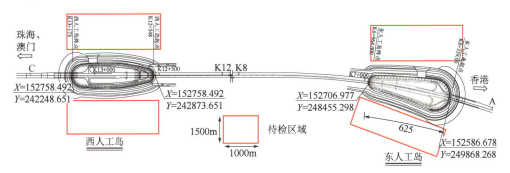

图3.4-1 人工岛水下检测范围

2) 测线布设

人工岛区域按照平均水深6m计算,多波束按照开角120°时,可计算得到条带宽度为20.78m。测线重叠率按照25%计算,每条测线实际有效覆盖宽度为$27.78 \times (1-25\%) = 20.84$m。

按照检测范围计算,西、东人工岛各需要布设$1500 \times 2/20.84 = 144$条测线,西、东人工岛测线规划如图3.4-2所示。

3) 潮位修正

根据测区分布情况,为了有效控制水位,本项目设立1个验潮站,以测定潮位的变化情况,潮位测量时间覆盖多波束采集时间。验潮站位置在港珠澳大桥

4号平台,对潮位进行全天候实时监测,潮位数据间隔10min。通过港珠澳大桥4号平台建设期85高程数据,将海面实时潮位数据换算到85高基准面。实时潮位数据如图3.4-3所示。

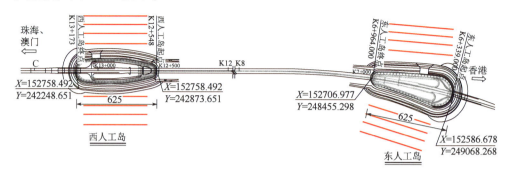

图3.4-2　人工岛区域测线规划

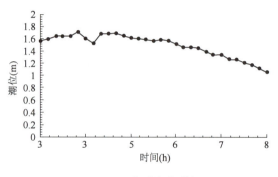

图3.4-3　实时潮位数据

4)平面定位

平面定位全部集成在POS MV姿态内,POS MV通过互联网连接上广东省千寻CORS网后达到RTK精度,在扫测之前,事先将校准好的RTK在POS MV相位中心进行定位精度检测,通过便携机采集数和RTK数据比对,结果表明,误差小于0.02m,符合现行《水运工程测量规范》(JTS 131)要求。在多波束系统安装完毕后,使用钢卷尺对多波束探头、姿态传感器的相对位置进行准确丈量,并将相应的位置信息输入到导航和采集软件中。

5)声速改正

为了获取高精度多波束水深数据,每日作业前、作业中、作业后在测区两端与中央的水域测定声速剖面,确保投放的单个声速剖面仪投放位置控制范围小于5km,声速剖面测量时间间隔小于6h,测量的声速剖面位置为附近水域最深水深,表面声速变化大于2m/s时重新测定声速剖面。通过数日实时监测,测得作业区域内监测的表面声速约为1524m/s。

6) 数据采集

多波束水深测量采用海测大师软件实施水深采集,工作期间严格按照技术要求作业,对多波束剖面数据及140°多波束开角的有效波束进行实时监控,以确保多波束现场采集的数据质量和有效覆盖宽度;现场及时调整量程,以保证有效覆盖宽度,同时实时对水深数据进行深度滤波,剔除废点,使采集的水深数据准确有效。测量时,测船严格按照计划线实施测量,提前调整航向、航速进入测线延长线,并以测量设备规定的航速正常进行,一般不大于6节[1]。在作业过程中,工作人员实时监测多波束扫测覆盖图,如由于航线偏移导致数据未满足全覆盖,则进行补测,满足全覆盖测量。

7) 数据处理

多波束数据处理采用CARIS HIPS软件,在处理前,检查各传感器的偏移量、系统校准参数等相关数据的准确性,基本的处理流程如下:

(1) 创建新项目,建立船型文件。

(2) 编辑声速文件,按CARIS HIPS软件要求的格式导入声速数据。

(3) 编辑潮位文件,按CARIS HIPS软件要求的格式导入潮位数据,潮时采用世界标准时间(Coordinated Universal Time,UTC)。

(4) 将PDS数据导入CARIS HIPS软件。

(5) 对数据进行潮位改正、声速改正及合并。

(6) 编辑水深数据,利用CARIS HIPS软件的Swath Editor、Subset Editor等编辑模块对数据进行粗差剔除。

(7) 计算总传播误差,并建立实测地域图,然后采用CUBE加权平均算法建立加权平均水深数据曲面,该算法是当前最先进的半自动多波束数据处理方法。本工程建立了分辨率为1m的水深曲面。

(8) 由CARIS HIPS软件输出标准的ASCII文件格式,用于成果输出。

---

[1] 1节=1海里/h=1.852km/h。

3.4.2 检测设备与方法

1) 水下检测系统概况

受周期性海洋潮汐潮流和复杂海洋环境的作用,港珠澳大桥水下结构物的服役性能会不同程度受到影响:人工岛斜坡堤结构周边地形发生冲刷,严重时会导致斜坡堤结构滑移;水下检测系统对人工岛水下结构及周边地形开展日常维养、应急维养检测,获取人工岛斜坡堤结构周边地形发生冲刷的情况,为人工岛智能维养提供数据支撑。

水下检测系统由无人测量船和岸基指挥控制中心(应急指挥车)两大部分组成,系统组成如图3.4-4所示。

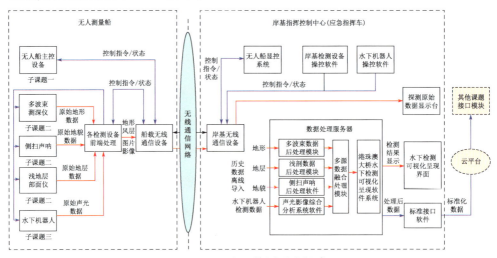

图 3.4-4 水下检测系统组成

无人测量船由无人船平台、多波束测深仪、侧扫声呐、浅地层剖面仪、水下机器人、船岸无线通信等设备组成,实现水下检测多源数据采集。

岸基指挥控制中心由岸基检测设备集成控制软件、无人船船控软件、数据处理服务器,以及船岸无线通信设备组成,一方面实现无人船以及各检测设备在测量过程中的实时操控和状态监控;另一方面对无人船各检测设备采集的数据(离线导入的方式)进行精处理、融合处理及可视化呈现。

2) 水下检测系统主要功能

水下检测系统主要功能包括前端数据采集以及后端数据处理,检测系统功能实现场景示意图见图3.4-5。

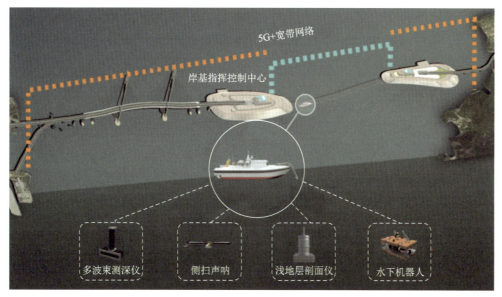

图 3.4-5　系统功能实现场景示意图

(1) 前端数据采集

① 多波束测深仪：主要用于海底地形（水深）测量，为桥墩周边的冲刷分析提供原始数据。

② 侧扫声呐：主要用于探测海底表面的微地貌与地物，为分析人工岛斜坡堤防护沙石形态与分布提供原始数据。

③ 浅地层剖面仪：主要用于海底浅表层的地层厚度及分层结构探测，为隧道顶部回淤分析提供原始数据。

④ 水下机器人：主要用于抵近水下结构进行表观摄像、拍照、三维声呐成像探测，为桥墩、人工岛水下结构表观病害分析提供原始数据。

(2) 后端数据处理

岸基指挥控制中心后处理及可视化软件：对前端采集的原始数据进行内业处理，提供水下状态的三维呈现、演化分析，为大桥的综合评估、维养决策提供准确、全面的支撑。

3) 多功能无人平台

目前水下检测手段落后，国内仅少数跨海大桥开展了河床、海床冲刷等检测工作，其余大部分桥梁及水工的结构服役状态无法获知，虽然现阶段国内外也逐步推出了测量无人平台，但主要使用环境为内河湖泊，搭载设备也很单一，达不到

图 3.4-6 多功能智能化无人平台

港珠澳大桥所处海洋环境以及高效检测的要求。

采用"港珠澳海测"智能无人平台，搭载多波束测深仪、浅地层剖面仪、侧扫声呐、水下机器人等水下检测设备。"港珠澳海测"外形尺寸 $16.5m \times 3.7m \times 5.8m$，重量 19t，吃水 0.7m，最大航速 18 节，续航力约 200km，如图 3.4-6 所示。

智能化无人船主要具备以下功能：

(1) 自主航行

①航迹设置：航迹可按照设置的航迹航行。

②启停功能：能够根据需要在设置的点位上自动或者手动停止/启动。

③航线调整：具有航道布线、区域布线、半挂式布线、扇形布线等测线布设功能，能够根据测线实时调整无人船航线。

(2) 自主避障

能够感知动态或静态障碍物，实时更新路径，避开障碍物，到达目的地，并覆盖因避障导致的扫描盲区。

(3) 远程无线操控与本地操控

在船端设置本地和远程操控切换装置。当切换至远程无线操控时，能够通过岸基检测设备集成控制软件的无人船监控模块对无人船进行实时控制。当切换至本地操控时，能够在船端进行无人船的实时控制，并屏蔽远程操控指令。

(4) 动力定位

具备紊流下恒速、恒向、位置保持等工况保障能力。

(5) 电力切换与监测

①主备切换功能：能够在主发电机故障后自动切换至备用发电机工作。

②电力智能监测与决策功能：当主备发电机均故障时可按照设备用电优先级依次关停设备，并切换至船载加固专用不间断供电设备继续提供在线设备的供电，以便无人船恢复供电或无人船自动返航。

(6)油量智能监测

具备油量智能监测与决策功能,当油量不够时可自动返航。

(7)运行状态监视

能够在岸基检测设备集成控制软件的无人船监控模块实时显示无人船的位置、速度、方位、设备状态、航迹等信息。

(8)视频监控功能

能够实时监控并存储本船摄像头拍摄画面,并可在岸基检测设备集成控制软件的无人船监控模块调看无人船的主视摄像头视频画面,可以根据需要调整摄像头角度、进行大小视图的切换。

(9)远程控制设备开关机

具备在岸基检测设备集成控制软件的无人船监控模块中对各个设备独立进行远程开关机的功能。

4)水下地形检测装备

基于无人搭载平台的水下地形检测装备由无人船端和岸端两部分组成,硬件组成如图3.4-7所示。

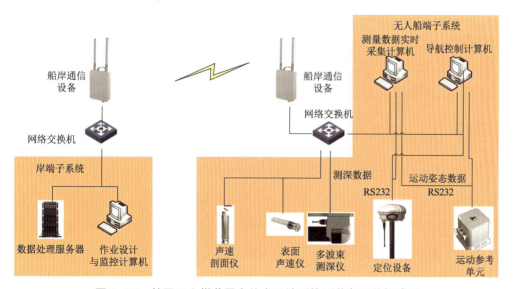

图3.4-7 基于无人搭载平台的水下地形检测装备硬件组成图

无人船端部署水下地形检测功能设备、辅助传感器、测量数据实时采集计算机等。

水下地形检测功能设备包含多波束测深仪、侧扫声呐等。

辅助传感器包含定位设备、运动参考单元、声速剖面仪、表面声速仪等,亦可直接使用组合惯导设备以替代定位设备和运动参考单元。定位设备输出无人船实时位置,运动参考单元实时输出横摇、纵摇、艏向、深沉信息。定位设备与运动参考单元两个传感器数据属于各个分系统、设备都需要的基础输出,需要分别输给无人艇导航控制软件、水下测量功能设备、测量数据实时采集软件。声速剖面仪属于测绘期间间歇性使用设备,用于间断性进行垂直声速剖面的吊放采集,其数据用于多波束测量的后处理。

测量数据实时采集计算机通过网络以及串口,接入并采集/储存水下测量功能设备、辅助传感器的数据并做好各种输入数据的时间同步。

岸端部署作业设计与监控计算机、数据处理服务器等。作业设计与监控计算机具备测量任务设计、测量任务执行、状态监控等功能。数据处理服务器(与其他检测设备数据处理共用服务器)用于处理采集的地形数据并进行后处理,还可以用于成图处理。

5) 水下地形检测方法与流程

水下地形检测的过程分为导航定位、辅助参数测量及改正、深度测量、数据处理与成图等流程,其中各项辅助参数包括船吃水、船姿、声速剖面、水位等。掌握科学合理的方法与技术流程对于多波束勘测而言至关重要,是获取准确数据的保障。本节概述了水下地形检测的基本流程,包括系统安装、声呐校准、测线布设、声速采集与精细化处理等。

水下地形检测包括前期调查研究、海上勘测、室内资料处理、成图及研究等基本流程,其技术路线如图 3.4-8 所示,总体上分为五个阶段,即测前准备、海上勘测、数据处理、图件编制以及检测成果报告编写。

(1)测前准备

全面收集、整理、评估涉及调查区的测深和水文资料,以便测线和声速测站的合理布设,为海上勘测奠定基础;并在此基础上进行技术设计和施工设计。

(2)海上勘测

①仪器校正:按照规范要求在特定海区定期(每 0.5~1 年一次)进行多波束系统声呐参数(包括横摇、纵摇、艏摇和定位迟延)的校正工作,使仪器处于最佳工作状态。

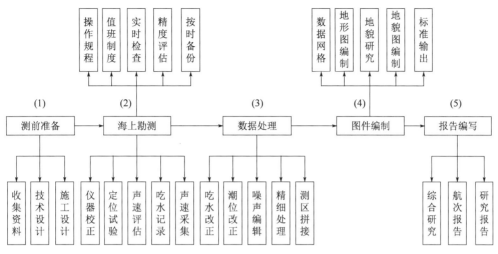

图 3.4-8 多波束海底地形勘测研究技术路线图

②定位试验:对导航定位用的差分全球定位系统(Differential Global Position System,DGPS)进行定期、定点、定时(24h)观测试验,以检验其定位精度,在满足定位中误差不大于±5m的状况下进行勘测工作。

③声速剖面精度评估:对施测时采集声速剖面使用的仪器精度进行评估,使用不同型号的声速探测仪器在相同位置采集声速剖面进行精度对比。

④吃水记录:出航前和返航后在码头记录测量船只的吃水变化,以便在后处理中进行吃水改正。

⑤声速采集:按规范要求布设声速测站,并在测量时实时采集全程声速剖面,根据声速剖面的变化趋势选取适当的声速点以获取最佳拟合声速。

⑥操作规程:制定详细的仪器安全操作规程,并严格按照规程施测。

⑦值班制度:设置专人、定时轮班制度,实时监测以保障仪器的安全运行,并按照规范定时(每隔15m或30m)记录班报,每0.5h或1h换一次数据文件,以保证数据采集的安全性。

⑧实时检查:测线结束后,及时进行预处理,以检查采集数据的质量情况,并对比相邻测线的覆盖情况,以便根据施测情况实时调整工作计划。

⑨精度评估:定期进行定点、十字交叉精度评估,并按规范要求布设联络测线检测勘测数据质量。

⑩按时备份:按照每天备份的原则及时备份勘测数据,返航途中及时备份完整数据集,最大限度地保证数据安全。

⑪首席负责制:海上工作计划和实测采取首席负责制,全面掌控海上调查工作。

(3)数据处理

①吃水改正:根据吃水记录表,采取内插的方法进行吃水改正。

②潮位改正:按规程要求进行潮位预报和改正。

③噪声编辑:按照"投影法"和"拟合法"进行测深数据的噪声编辑。

④精细处理:采用后处理方式进行精细化处理,将在后文中进行详细介绍。

⑤测区拼接:检测相邻测区的等值线拼接情况。

(4)图件编制

①数据网格:在数据精细处理的基础上,根据多波束勘测特点构建高精度的海底数字地面模型(Digital Terrain Model,DTM)。

②地形图编制:基于DTM按规程要求编制海底地形图。

③地貌研究及编图:在编制的海底地形图基础上,综合浅剖、侧扫和柱状样分析等多方面资料,进行海底地貌研究工作,并编制海底地貌图件。

④标准输出:在高质量打印设备上按标准图幅输出编制的大比例尺海底地形图和海底地貌图。

(5)报告编写

在图件编制的基础上,综合多方面资料进行调查区的海底地形特征和海底地貌分类研究,并整理航次报告、撰写研究报告。

3.4.3 智能化技术应用

1)水下地形检测数据精细化处理技术

在水下地形检测过程中,由于仪器自身噪声、海况因素、声呐参数设置不合理或者使用了较大误差的声速剖面,导致测量数据不可避免地存在假信号(噪声),造成虚假地形,从而使检测的地形、地层与真实的海底存在差异。为提高水下地形检测精度,必须消除这些假地形信号,对采集的检测数据进行编辑或者校正,剔除假信号,恢复保留真实信息,为后续人机交互成图做好必要准备。

采用的技术原理主要是多波束精细化后处理方法,包括工程项目管理模块、测量船配置模块、原始数据预处理模块、导航编辑模块、姿态编辑模块、声速改正模块、潮汐改正模块、深度处理模块、多波束安装校准模块、三维地形显示模块、成果数据输出模块。

2) 无人自主路径跟踪技术

无人平台的水动力特性比较复杂,具有六个自由度,并且各自由度之间耦合性强。由于外界因素的不确定性,从而使得无人船运动具有复杂耦合性与外界环境干扰的动态特征。如果考虑六自由度的无人船运动模型,对应的转换矩阵会非常复杂,不利于高速避碰的路径计算以及后续的控制。为此,本船采用横荡速度、纵荡速度和艏向角速度三自由度的简化运动模型来设计路径跟踪算法,同时通过读取风速风向信息,结合惯导所采集的六自由度信息,进行横荡、纵荡和艏摇三个自由度方向上的平均作用力和力矩补偿。本智能化无人平台在水面无障碍、3级海况、18节航速情况下,对直线、圆形航线和Z形航线等典型航迹跟踪进度不低于3m,对人工设定的非典型的航迹跟踪精度不低于3m。

3.4.4 检测成果分析

1) 西人工岛区域

西人工岛测量范围为岛周边区域以及岛中轴线上下游各1.5km、西岛中轴线方向宽1km的矩形范围,总面积约3km^2。西岛北侧最小水深为3.9m,最大水深为10.4m,平均水深为6.1m;西岛南侧最小水深为3.9m,最大水深为10.2m,平均水深为6.2m。西人工岛南侧区域呈现近岛中部水深浅、向岛东西两侧逐步变深、向南侧逐渐变深的趋势,人工岛北侧区域与南侧地形变化基本一致。

结合图3.4-9可知,人工岛南侧区域东西方向呈现中间浅、两边深的地形分布。

结合图3.4-10可知,人工岛南侧区域呈现中部浅、向四周逐步变深的趋势。

在西人工岛西北向可见隆起地形,长约200m,宽约130m,与前期该区域测量地形特征吻合,建议后期加强对该区域的定期检测,地形示意如图3.4-11所示。

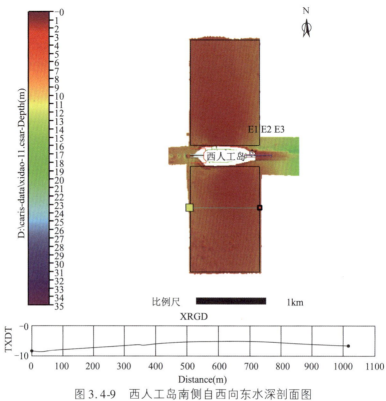

图 3.4-9　西人工岛南侧自西向东水深剖面图

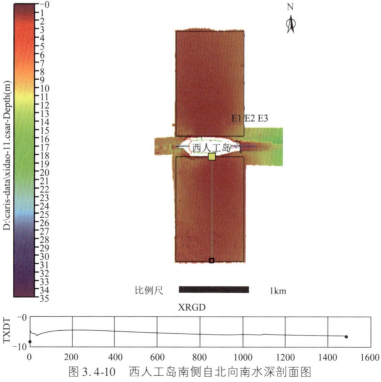

图 3.4-10　西人工岛南侧自北向南水深剖面图

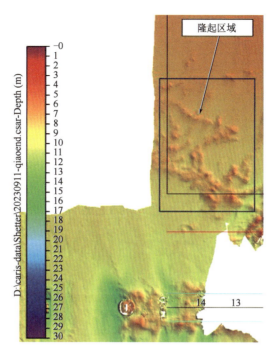

图 3.4-11　多处隆起区域示意图

2）东人工岛区域

东人工岛测量范围为岛周边区域以及岛中轴线上下游各 1.5km、东岛中轴线方向宽 1km 的矩形范围，总面积约 3km²。东岛北侧最小水深为 4.7m，最大水深为 17.6m，平均水深为 6.5m；东岛南侧最小水深为 5.3m，最大水深为 12.8m，平均水深为 8.9m。东人工岛南侧区域呈现近岛中部水深浅、向岛东西两侧逐步变深、向南侧逐渐变深的趋势，人工岛北侧区域与南侧地形变化基本一致。

结合图 3.4-12 可知，人工岛南侧区域垂直人工岛中轴线向南方向呈现中间浅、两边深的地形分布。

结合图 3.4-13 可知，人工岛南侧区域平行人工岛中轴线自西向东方向呈现中间浅、两边深的地形分布。

3）数据输出

将水下检测系统所产生的结果数据输出智联平台，供人工岛及水下结构荷载评估系统使用，数据内容包括纬度、经度、深度，参见表 3.4-1，格式为 .xyz 文件。

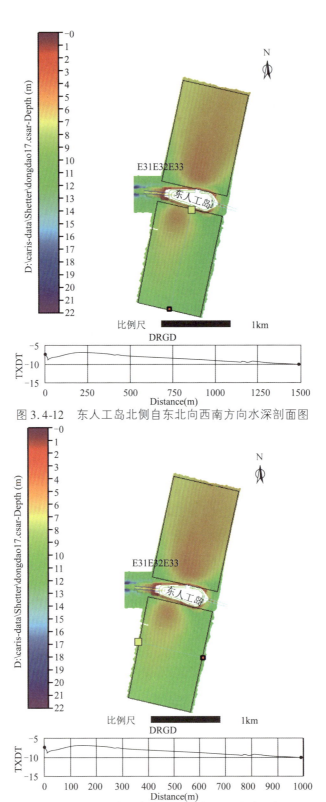

图 3.4-12　东人工岛北侧自东北向西南方向水深剖面图

图 3.4-13　东人工岛南侧自西北向东南方向水深剖面图

水下地形检测结果数据　　　　　　　表 3.4-1

中文名称	英文名称	数据类型	表示格式	计量单位	约束条件	值域	定义	信息分类	备注
深度	depth	数值型	n..ul	m	M	—	水深度	结果信息	—
纬度	latitude	数值型	a..ul		M	—	纬度	结果信息	—
经度	longitude	数值型	a..ul		M	—	经度	结果信息	—

采用三维可视化呈现技术,将检测设备测量的点云数据精简、配准、拼接等处理,然后进行三维数据模型构建。建立实测区域以外的桥岛隧三维虚拟模型,并与实测数据模型进行拼接,完整展示桥岛隧及水下地形地貌的三维特征。将原始三维建模数据导入 GIS 平台,与 GIS 平台基础数据进行关联,生成具备统一经纬度、坐标等基本地理属性的整体三维模型。将多波束后处理软件输出的点云数据与港珠澳大桥数据模型数据融合和 VR 呈现。展示集成工作流程如图 3.4-14 所示。

图 3.4-14　展示集成工作流程

工作流程如下:

(1)水下检测系统根据 UI 规范要求,进行展示界面设计。

(2)根据界面设计,完成数据融合处理及可视化系统开发。

(3)把数据融合处理及可视化系统界面集成到智联平台。

(4)基于智联平台实现数据模型集成调用。

(5)基于智联平台实现数据融合及可视化软件与智联平台集成调用。

人工岛周边水下地形检测展示效果如图 3.4-15 所示。

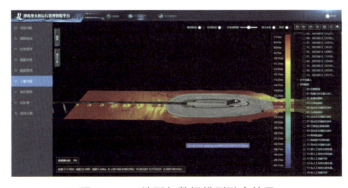

图 3.4-15　地形与数据模型融合效果

3.5　本章小结

人工岛处在外海海域,受到海洋风、浪、流等动力环境影响较为突出,通过海洋动力环境监测与检测可以获知人工岛所在海域的风、浪、流等动力状况,为人工岛评定提供动力环境数据。本章提供了人工岛监测与监测方法,将人工岛监测与检测内容分为岛体结构和周边海洋环境两部分。对于大型跨海交通集群设施,应建立具有针对性的海洋动力环境观测系统,提供具有代表性和连续性的海洋动力环境监测数据。

本章参考文献

[1] 陈昶儒.风暴潮对沿海海塘的影响初探[J].浙江水利科技,2017,45(3):3.

[2] 魏凯,徐博,李义强.基于实测水压力的跨海桥梁围堰波浪力计算[J].桥梁建设,2018,48(3):5.

[3] 王健,王虹,任裕民,等.河工模型试验中的快速水位波动测量技术及软件平台的搭建[J].实验技术与管理,2006,23(1):4.

[4] 王永洪,张明义,高强,等.微型硅压阻式压力传感器研制[J].传感器与微系统,2017,036(011):106-108.

[5] 张琦,胡湘宁,杨水旺.多通道压力传感器校准系统研制[J].计测技术,2017(S1):3.

[6] 成雅各.电磁流量计测量精度提升的优化研究[J].机械管理开发,2023,38(1):150-151.

[7] 王东.海洋平台常用流量计的选型分析[J].中国修船,2022,35(1):53-56.

[8] 冯建,朱敏.一种瞬时流速流量计模块研究与设计[J].计量科学与技术,2021(000-008).

[9] 周益人,潘军宁,左其华.港珠澳大桥人工岛越浪量试验[J].水科学进展,2019,30(6):7.

[10] 中华人民共和国交通运输部.港口与航道水文规范:JTS 145—2015[S].北京:人民交通出版社股份有限公司,2015.

[11] 张颖颖,张颖,马然,等.一种海洋监测通用数据采集与处理系统的设计[J].海洋技术,2010,29(4):3.

[12] 董超群,张晓萍,秦明慧,等.基于AWAC的海洋浪流监测系统设计[J].现代科学仪器,2011(3):4.

[13] 齐勇,闫星魁,郑姗姗,等.海浪监测技术与设备概述[J].气象水文海洋仪器,2015,32(3):5.

[14] 郭永刚.海洋环境监测数据处理系统的设计与实现[D].哈尔滨:哈尔滨工业大学,2023.

[15] 陈栋.基于观测网的海底动力环境监测软件系统的设计与实现[D].青岛:中国海洋大学,2015.

[16] 齐久成.海洋水文装备试验[M].北京:国防工业出版社,2015.

[17] 李晴.多参数海洋浮标监测系统研究[D].上海:上海海洋大学,2017.

[18] 王军成.气象水文海洋观测技术与仪器发展报告2016:海洋篇[M].北京:海洋出版社,2017.

[19] 张云海.海洋环境监测装备技术发展综述[J].数字海洋与水下攻防,2018,1(2):8.

[20] 陈令新,王巧宁,孔西艳,等.海洋环境分析监测技术[M].北京:科学出版社,2018.

[21] 漆随平,厉运周.海洋环境监测技术及仪器装备的发展现状与趋势[J].山东科学,2019,32(5):10.

[22] 池丽娜,张亚丽,郭小倩.基于大数据的海洋环境监测数据集成与应用分析[J].环境与发展,2018,30(2):2.

[23] 解静,常江,孙家文,等.海洋水文观测实时共享技术与应用研究[J].海洋环境科学,2020,39(2):7.

[24] 田淳,周丰年,高宗军,等.海洋水文测量[M].武汉:武汉大学出版社,2021.

[25] Kineke G C,Sternberg R W. Measurements of high concentration suspended

sediments using the optical backscatterance sensor[J]. Marine Geology, 1992.

[26] Hoitink A J F, Hoekstra P. Observations of suspended sediment from ADCP and OBS measurements in a mud-dominated environment[J]. Coastal Engineering, 2005, 52(2):103-118.

[27] Puckette P T, Gray G B. Long-term performance of an awac wave gage, chesapeake bay, va[C]// 2008 IEEE/OES 9th Working Conference on Current Measurement Technology. IEEE, 2008:119-124.

[28] Hathaway K, Long C. A comparison of directional wave measurements from an ADCP, AWAC, and pressure sensor array[C]// AGU Fall Meeting Abstracts. 2008,2008:OS13D-1244.

[29] Liang K, Hua-Ming Y U, Yang D, et al. A review on quantitative analysis of suspended sediment concentrations[J]. 海洋通报(英文版),2011.

[30] Shih H H. Real-time current and wave measurements in ports and harbors using ADCP[C]// 2012 Oceans-Yeosu. IEEE,2012:1-8.

[31] Felix D, Albayrak I, Boes R M. Continuous measurement of suspended sediment concentration: Discussion of four techniques[J]. Measurement, 2016, 89:44-47.

第 4 章

人工岛越浪仿真与评估

港珠澳大桥是由桥、岛、隧组成的跨海交通集群工程，桥隧转换采用海中筑岛方式，在隧道两端各设置一个海中人工岛（即东、西人工岛）。港珠澳大桥人工岛位于珠江外海，工程区波浪较大，在台风季节人工岛护岸可能会发生显著的波浪爬高及越浪，可能会对隧道安全造成影响。所以在人工岛设计和运营管理过程中，需要重点考虑人工岛护岸波浪爬高和越浪的影响。

人工岛越浪量参数是评定人工岛防淹没能力的重要指标。本章通过试验室的物理模型试验数据，结合港珠澳大桥西人工岛对挡浪墙越浪的现场监测情况，给出了适用性较强的人工岛挡浪墙波浪爬高和越浪量计算公式，提高了人工岛防淹没能力指标评定的效率。

4.1 概述

海岸防护中，波浪爬高是一个十分重要的参数指标，国内外学者对波浪爬高开展了大量的研究，主要包括理论推导、现场观测、物理模型试验和数值模拟等，其中以物理模型试验研究为主。港珠澳大桥人工岛护岸为复坡断面结构，对于复坡断面结构上的波浪爬高，国内外已有较多的研究成果。Van der Meer 根据物理模型试验结果提出不规则波的爬高计算公式，爬高计算结果为 2% 累计频率的 $R_{2\%}$，该计算公式中考虑了堤脚前地形、护面糙率、复坡平台和斜向波浪入射角度等因素对波浪爬高的影响，被欧洲标准 *Manual on Wave Overtopping of Sea Defences and Related Structures*（EurOtop）所采用。我国《港口与航道水文规范》（JTS 145—2015）、《海堤工程设计规范》（GB/T 51015—2014）和《堤防工程设计规范》（GB 50286—2013）中均给出了斜坡上的波浪爬高计算公式，其中《海堤工程设计规范》（GB/T 51015—2014）和《堤防工程设计规范》（GB 50286—2013）通过折算坡度系数来计算复坡上的波浪爬高。与国内《港口与航道水文规范》（JTS 145—2015）相比，美国标准 *Coastal Engineering Manual*（CEM）与欧洲标准 EurOtop 考虑的波浪爬高计算影响因素更为全面、具有较强实用性的结论。根据物理模型试验结果，陈国平提出了考虑波高、周期、波向、坡度、复坡平台、护面结构和风等影响因素的爬高计算方法，同时指出各家波浪爬高计算公式的计算结果彼此差别较大。综上可见,国内外已有多家复坡断面结构上的波浪爬高计算方法,但是由于波浪爬高的影响因素复杂,各家波浪爬高计算公式的计算结果彼此差别较大。

越浪量一直是海岸防护中需要重点考虑的问题,其直接关系到结构安全和运营管理。由于越浪对海岸防护工程的重要性,一直以来许多国家的学者对该问题进行了大量的研究工作。早在1955—1958年,美国 T. Saville 等就进行了规则波在斜坡堤上的越浪量模型试验。1977年,美国海岸研究中心的 J. R. Weggle 在对 Saville 的越浪试验资料进行分析处理后,提出了单坡斜坡堤上的越浪量预测公式。1980—1991年,英国的 Owen 对海堤越浪量进行完整而系统的研究,提出了相应的计算公式。1992年至今,荷兰学者 Van der Meer 对斜坡堤越浪量进行了大量的研究工作,提出了计算公式,并不断根据试验结果修正和细化计算公式,欧洲许多国家推荐使用 Van der Meer 的越浪量计算公式。我国从20世纪60年代开始进行了许多试验研究。1990年,周家宝等进行了试验研究,提出的海堤平均越浪量的计算公式被国内规范《港口与航道水文规范》(JTS 145—2015)采用。2010年,陈国平和周益人将爬高引入越浪量的计算公式中,大大简化了越浪量的计算公式。国内外学者还对斜向波浪作用下的越浪量进行了大量研究,提出了相应的折减系数计算方法。除了通过计算公式计算斜坡堤越浪量外,欧洲国家学者收集了欧、美及日本的将近18000组试验资料,建立了人工神经网络模型,输入相关参数后,可得到不同频率的越浪量。然而,由于越浪现象非常复杂,尽管研究工作已非常精细,但海岸防护结构形式变化较多,较小的改变都可能使越浪量出现较大的变化,现有越浪量公式计算结果仍差异较大,很难提出一个适合各种结构的计算通式,仍需要积累更多结构类型的越浪量数据,不断完善。

因此,针对港珠澳大桥人工岛护岸断面结构形式、工程区特定的水位、水深和波浪参数条件,选择合适的现有波浪爬高和越浪量计算方法具有一定的难度。

为了给港珠澳大桥人工岛波浪爬高和越浪预警提供可靠的技术支撑,本章针对港珠澳大桥人工岛护岸断面结构形式,工程区特定的水位、水深和波浪条件,开展了波浪爬高和越浪仿真专题研究,提出了具有针对性的波浪爬高和越浪量计算方法。

4.2 物理模型试验

4.2.1 试验设备与仪器

人工岛护岸断面波浪爬高和越浪量物理模型试验在波浪水槽中进行（图4.2-1）。该水槽可同时产生波浪、水流和风。水槽长68m、宽1.8m、深1.8m，分割成0.8m和1.0m宽两部分。水槽顶部装有吸风装置，调节吸风装置的转速产生不同风速的风。水槽的一端配有消浪缓坡，另一端配有丹麦水工研究所生产的推板式不规则波造波机，由计算机自动控制产生所要求模拟的波浪要素。该造波系统配有丹麦水工研究所生产的波浪二次反射吸收装置。该系统可根据需要产生规则波和不同谱型的不规则波。

图4.2-1 试验波浪水槽

波浪要素测量及波浪爬高测量采用电阻式波高仪，数据采集采用DS30多功能自动采集系统，最终由计算机形成数据文件。

越浪量采用集水箱收集水量，换算到单宽平均越浪量。

4.2.2 仿真试验方法

1）试验断面的模拟

选取人工岛护岸典型断面，断面示意图见图4.2-2。首先制作防浪墙、护面块体等模型,制作过程中保证其重量和几何相似,重量误差控制在5%以内,几何误差控制在±2mm以内。护底块石均严格挑选,保证重量相似。然后对试验断面按几何比尺缩小后进行放样,再构建人工岛各试验断面模型,构建后的断面尺寸误差也控制在±2mm以内。

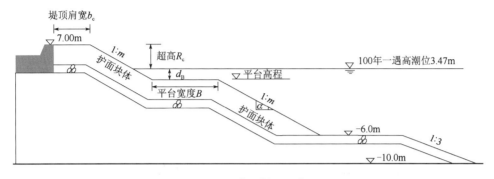

图4.2-2 试验断面示意图

2)波浪的模拟

试验采用不规则波进行,不规则波的波谱采用JONSWAP谱。模型中的波高、波周期等物理量按重力相似准则确定,由计算机控制产生所需要的波要素。不规则波连续造波个数为120~150个。

JONSWAP谱的谱型公式见式(4.2-1):

$$S(f) = \alpha H_s^2 T_p^{-4} f^{-5} \exp\left[-\frac{5}{4}(T_p f)^{-4}\right] \gamma^{\exp[-(T_p f-1)^2/2\sigma^2]} \quad (4.2\text{-}1)$$

式中:α——无因次常数,$\alpha = \dfrac{0.0624}{0.230 + 0.0336\gamma - 0.185(1.9+\lambda)^{-1}}$;

σ——峰形参数量,$\sigma = \begin{cases} 0.07 & f \leqslant f_p \\ 0.09 & f \geqslant f_p \end{cases}$;

H_s——有效波高(m);

T_p——谱峰值周期(s);

f——波浪频率(s^{-1});

f_p——波浪谱峰周期对应的频率(s^{-1});

γ——谱峰值参数,依据前期收集的《港珠澳大桥桥位现场波浪观测专题研究》中观测分析的结果,试验JONSWAP谱中γ取值为2.0。

在建造护岸断面模型前,在模型堤脚前布置波高仪,率定试验波浪要素。将按模型比尺换算后的特征波要素输入计算机,产生造波信号,控制造波机产生相应的不规则或规则波波序列。模型试验中波高和周期与目标值的误差控制在±5%以内。

3)波浪爬高及越浪量试验

先进行波浪要素率定,然后构建试验断面,试验时先用小波作用,以使堤身密实,然后进行各项内容的试验。试验照片见图4.2-3。

a)潮位+3.82m,波高$H_{13\%}$=4.9m　　　b)潮位+3.47m,波高$H_{13\%}$=4.5m

图4.2-3　试验照片

对于波浪爬高试验,将波高仪沿斜坡坡面放置,测量波浪水体上爬长度,然后根据斜坡坡度换算为爬高。不规则波作用下,波浪爬高时间序列也是不规则的。分析各组波浪爬高试验结果时,首先通过上跨零点法对试验测得的波浪爬高时间序列进行处理,得到时间序列中各个单波的爬高值,然后将各个爬高值从大到小排序,最后进行累计频率分布分析,取累计频率为2%的$R_{2\%}$结果作为波浪爬高特征值结果。

越浪量试验采用不规则波进行,在护岸后设置接水箱,量测一个波列作用下的越浪水体,然后除以一个波列作用时间,得到平均单宽越浪量。

单宽平均越浪量按式(4.2-2)计算。

$$Q = \frac{V}{Bt} \tag{4.2-2}$$

式中:Q——单宽平均越浪量[m³/(m·s)];

V——一个波列作用后称量的总越浪水量(m³);

B——收集越浪水体的接水宽度(m);

t——测量持续时间(s)。

试验各结构参数的具体组合如下:

(1) 斜坡坡度 m 包括三种：1.5、2.0、2.5。

(2) 消浪平台宽度 B 包括五种：0m、5.0m、10.0m、15.0m、20.0m。

(3) 消浪平台高程 EL 包括四种：1.5m、2.0m、2.5m、3.0m。

(4) 斜坡护面形式包括两种：扭王字块体和扭工字块体。

(5) 堤顶肩宽 b_c 包括四种：0m、2.8m、5.7m、8.5m。

波浪爬高试验和越浪量试验的水位和波浪要素组合分别见表 4.2-1 和表 4.2-2。

波浪爬高试验的水位及波浪要素组合表　　　　表 4.2-1

试验编号	水位 WEL	水深 d（m）	有效波高 H_s（m）	波浪周期 T（s）
1	1000 年一遇高水位 4.19m	14.19	3.95	11.1
2	300 年一遇高水位 3.82m	13.82	3.40	10.8
3	200 年一遇高水位 3.69m	13.69	3.16	10.5
4	100 年一遇高水位 3.47m	13.47	2.80	10.3
5	3.47m	13.47	2.80	12.0
6	3.47m	13.47	2.80	8.0
7	3.47m	13.47	2.80	6.4
8	3.47m	13.47	2.80	5.0
9	3.47m	13.47	3.95	11.1
10	3.47m	13.47	3.95	10.3
11	3.47m	13.47	3.95	12.0
12	3.47m	13.47	3.95	8.0
13	10 年一遇高水位 2.74m	12.74	2.38	9.9
14	设计高水位 1.65m	11.65	2.41	9.9

越浪量试验的水位及波浪要素组合表　　　　表 4.2-2

试验编号	水位 WEL	水深 d（m）	有效波高 H_s（m）	波浪周期 T（s）
1	1000 年一遇高水位 4.19m	14.19	3.95	11.1
2	300 年一遇高水位 3.82m	13.82	3.40	10.8
3	200 年一遇高水位 3.69m	13.69	3.16	10.5
4	100 年一遇高水位 3.47m	13.47	2.80	10.3
5	3.47m	13.47	2.80	12.0
6	3.47m	13.47	2.80	8.0

续上表

试验编号	水位 WEL	水深 d（m）	有效波高 H_s（m）	波浪周期 T（s）
7	3.47m	13.47	3.95	11.1
8	3.47m	13.47	3.95	10.3
9	3.47m	13.47	3.95	12.0

4.3 成果分析

4.3.1 波浪爬高

在斜坡上，波浪的作用过程包括破碎、冲击、上爬和回落四个阶段。波浪爬高为在斜坡上波浪上爬过程中的峰点高度。

不规则波对斜坡作用非常复杂，影响因素众多。多年来，许多学者对波浪爬高计算方法进行了大量研究工作，对各类影响因素进行了较全面的分析，主要影响因素可以划分为以下几种：一是水位与波浪要素，即波浪有效波高 H_s 和波长 L；二是堤身断面结构，主要包括斜坡坡度、护面影响因素 γ_f、设置的平台高程与静水位差 d_B、宽度 B、波浪斜向入射影响系数 γ_β 等；三是风的影响。

本书将在以往研究的基础上，针对港珠澳大桥人工岛护岸断面，通过系列物理模型试验，重点研究斜坡坡度 m、断面平台（宽度 B 及平台上水深 d_B）和护面类型等对波浪爬高的影响，并综合考虑其他因素的影响，在此基础上提出相应的波浪爬高计算方法。在分析各因素对波浪爬高的影响时，主要对三种不同水位、四种波高和六种不同波浪周期条件（第 1、5、6、7、8、12 和 13 组）下的爬高试验结果进行对比分析，在拟合波浪爬高计算方法时采用所有试验组次的爬高结果。

1）斜坡坡度的影响

本次研究对人工岛断面进行了坡度 $m=1.5$、2.0 和 2.5 的爬高试验。不同坡度的爬高结果见图 4.3-1，图中各组次的编号表示水位和波浪条件（表 4.2-1），平台宽度 $B=10.0\text{m}$、高程 $EL=2.0\text{m}$。

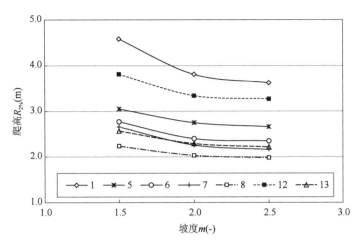

图 4.3-1　爬高随坡度的变化

从图中可以直观地看出,波浪爬高和斜坡坡度之间存在直接关系,不同水位、波高和波浪周期下,坡度减缓,波浪爬高均降低。分析其原因,一方面,坡度变缓时,波浪在斜坡面上的破碎程度增大,破碎损耗波能增加,使得爬高降低;另一方面,坡度较缓时,波浪在斜坡上爬行的距离增长,也使得爬高减小。

2) 平台宽度的影响

本次研究对人工岛断面进行了斜坡坡度 $m=2.0$、平台高程 $EL=2.0m$、不同平台宽度 $B(0、5.0m、10.0m、15.0m、20.0m)$ 的爬高试验。不同平台宽度的爬高 $R_{2\%}$ 结果见图 4.3-2,相对爬高(不同宽度平台爬高与无平台时爬高的比值 $R_{2\%}/R_{2\%0}$)随平台相对宽度(平台宽度与波浪主作用区宽度的比值 B/L_{berm},$L_{\text{berm}} = B + 2H_s \cdot m$)的变化见图 4.3-3。

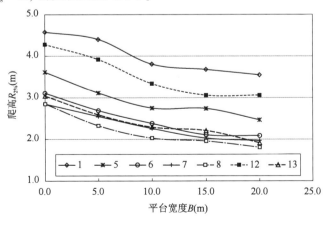

图 4.3-2　爬高随平台宽度 B 的变化

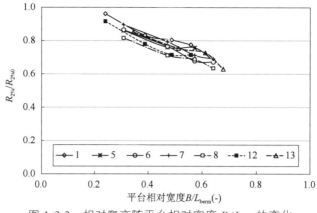

图 4.3-3　相对爬高随平台相对宽度 B/L_{berm} 的变化

从图中可以明显地看出，平台的宽度指标对于波浪爬高值有着较大的影响，不同水位、波高和波浪周期下，平台宽度增加，波浪爬高均呈降低趋势。当平台宽度在一定范围内(0~10m)时，其波浪的破碎程度随着平台宽度的增加而显著加大，波浪水体损耗能量明显增加，且波浪的爬行距离被延长，波浪爬高随着平台宽度的增大而明显降低。当中间平台的宽度大于 10m 之后，随着平台宽度的进一步增大，波浪爬高的变化趋势发生一定的改变，此时波浪水体损耗能量受平台宽度的影响程度逐渐趋于饱和状态，波浪爬高的减小趋势变缓。不同宽度平台爬高与无平台时爬高的比值 $R_{2\%}/R_{2\%0}$ 总体上介于 0.6~1.0 之间。

3) 平台高程的影响

本次研究对人工岛断面进行了斜坡坡度 $m=2.0$、平台宽度 $B=10.0\text{m}$、不同平台高程 EL(1.5m、2.0m、2.5m、3.0m)的爬高试验。不同平台高程的爬高 $R_{2\%}$ 结果见图 4.3-4。

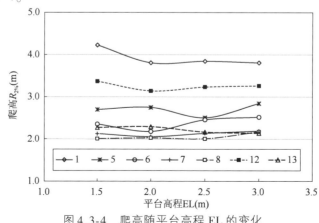

图 4.3-4　爬高随平台高程 EL 的变化

由图可见,由于本次试验范围内,由于平台高程差别不大且都比较高,与平台宽度相比,平台高程对波浪爬高的影响不明显,仅在试验最高水位及平台最低高程下,波浪爬高才有较明显的增大。其他工况下,波浪爬高随平台高程的变化规律不明显,还有波浪爬高随平台高程抬高而增大的情况发生。

4) 护面类型的影响

在本次试验研究过程中,当断面的斜坡坡度 $m = 2.0$、平台宽度 $B = 10.0\text{m}$、平台高程 $EL = 2.0\text{m}$ 时,对两种护面类型(扭工字块和扭王字块)分别测量了波浪爬高,两种护面类型的波浪爬高 $R_{2\%}$ 结果见图 4.3-5。由图可见,扭工字块体护面的爬高比扭王字块体的值小 20% 左右。

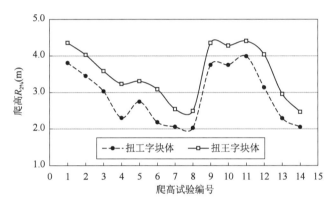

图 4.3-5 两种护面类型爬高比较

5) 破波参数对爬高的影响

事实上,波浪对斜坡的作用是非常复杂的,很多因素是互相影响的。国内外许多海岸工程学者一般采用破波参数 ξ_0($\xi_0 = \dfrac{1}{m\sqrt{H_0/L_0}}$,式中,$\xi_0$ 为破波参数,m 为斜坡坡度,H_0 为深水波高,L_0 为深水波长)来确定波浪的爬高曲线。破波参数内包含了斜坡坡度 m 与入射波浪波陡 H_0/L_0,而这两个因素是爬高的最主要影响因素,可以反映波浪在斜坡面上的破碎形态。

荷兰学者 Van der Meer 根据试验数据,采用深水波浪有效波高的破波参数 ξ_0 建立与相对爬高 $R_{2\%}/H_s$(H_s 为有效波高)的关系。当破波参数 $\xi_0 \leq 1.8$ 时,相对爬高值 $R_{2\%}/H_s$ 随着破波参数 ξ_0 的增大而近似线性地显著增大;当破波参数 $\xi_0 > 1.8$ 时,虽然相对爬高值 $R_{2\%}/H_s$ 仍随破波参数 ξ_0 的增大而增大,但增大趋势明显变缓。

参考陈国平的研究成果,考虑到波列中较大波高的影响,采用堤前波浪 $H_{1\%}$ 的破波参数 $\xi_{1\%}$ 建立其与相对爬高 $R_{2\%}/H_{1\%}$ 的关系。由于当 $\xi_{1\%} \leqslant 1.25$ 时,斜坡坡度较缓、波高较大、波长较短,在斜坡坡面上波浪完全破碎、反射不明显,波浪主要为卷破波形态,相对爬高随着破波参数的增大而近似线性增大;当 $\xi_{1\%} > 1.25$ 时,斜坡坡度较陡、波高较小、波长较长,在斜坡坡面上波浪未完全破碎、存在明显反射,主要为激破波形态,爬高同时受波浪破碎和反射影响,相对爬高随着破波参数的增大而缓慢增大。本次试验数据如图4.3-6所示,由图可见,对于本次有平台的扭工字块体护面斜坡堤及相应的水位、波浪条件(波高较大),试验数据主要位于曲线的缓慢变化段。

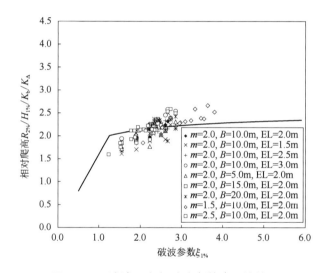

图 4.3-6　波浪爬高与破波参数 $\xi_{1\%}$ 的关系

6)人工岛波浪爬高计算方法

试验实测值与 Van der Meer 波浪爬高公式计算值和陈国平波浪爬高公式计算值的对比分别见图 4.3-7 和图 4.3-8。

由图可见,对于本次试验条件,Van der Meer 公式计算值比实测结果略大,但数据点较为离散,这主要是由于 Van der Meer 公式的平台折减系数 K_b 的影响。K_b 考虑了平台宽度和高度的影响,计算公式见式(4.3-1)。

$$K_b = 1 - \frac{B}{B + 2mH_s}\left[1 - 0.5\left(\frac{d_B}{H_s}\right)^2\right] \quad \left(-1.0 \leqslant \frac{d_B}{H_s} \leqslant 1.0\right) \quad (4.3\text{-}1)$$

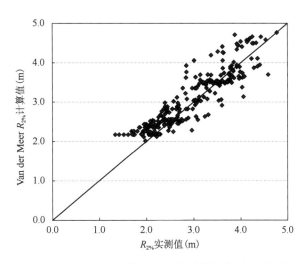

图 4.3-7　Van der Meer 波浪爬高公式计算值与试验实测值比较

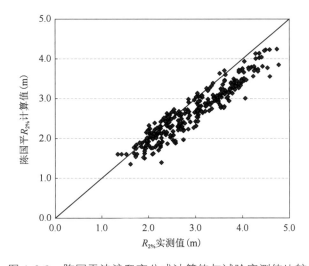

图 4.3-8　陈国平波浪爬高公式计算值与试验实测值比较

本次试验的平台上相对水深较小,而宽度较大,试验结果表明平台宽度影响较大,而平台上相对水深影响较小,因此,很多情况下 Van der Meer 公式的平台折减系数计算值较小而被限定为 0.6,并且在平台宽度较小时,也因平台上相对水深较小而被限定。这在图 4.3-7 中表现为相同的计算值对应不同的测量值。

陈国平公式计算值比实测结果小 10% 左右,但数据点相关性较好。故本书结合陈国平公式的模式,对本次试验爬高数据进行拟合,得到人工岛护岸的波浪爬高计算方法,见式(4.3-2)和式(4.3-3)。

$$R_F = 1.76 K_b K_\Delta \xi_{1\%} H_{1\%} \quad (\xi_{1\%} \leqslant 1.25) \quad (4.3\text{-}2)$$

$$R_F = K_b K_\Delta \left(2.89 - \frac{0.77}{\sqrt{\xi_{1\%}}}\right) H_{1\%} \qquad (\xi_{1\%} > 1.25) \qquad (4.3\text{-}3)$$

式中：R_F——波浪爬高值，参考《港口与航道水文规范》(JTS 145—2015)，不同累计频率 F 的爬高值换算见表4.3-1；

K_Δ——护面糙渗系数，扭工护面为0.43，扭王护面为0.46；

$\xi_{1\%}$——堤前累计频率1%波高对应的破波参数，$\xi_{1\%} = \dfrac{1}{m\sqrt{H_{1\%}/(\bar{L})}}$；

K_b——平台折减系数，可按式(4.3-4)计算。

$$K_b = 1 - \frac{B}{B + mH_s + 6H_s}\left(1 - 0.5\frac{d_B}{H_s}\right) \qquad (4.3\text{-}4)$$

式(4.3-4)的适用范围为：$m \geq 1.5, 0 < \dfrac{d_B}{H_s} < 2, 0.6 \leq K_b \leq 1.0$。

不同累计频率 F 的爬高转换系数 表4.3-1

$F(\%)$	0.1	1	2	4	5	10	13.7	20	30	50
K_F	1.17	1	0.93	0.87	0.84	0.75	0.71	0.65	0.58	0.47

本书提出的波浪爬高计算公式的计算值与试验结果实测数据的比较见图4.3-9。由本书计算公式波浪爬高计算值与试验实测值的比较可见，对于本次的人工岛护岸断面结构形式以及试验水位和波浪条件，波浪爬高计算值与试验实测值吻合良好，相关性较好。

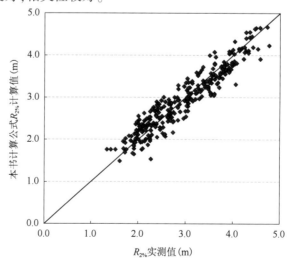

图4.3-9 本书计算公式波浪爬高计算值与试验值比较

4.3.2 越浪量

1）越浪量影响参数分析

（1）波浪动力和海堤结构形式的影响

堤前波浪要素是影响海堤越浪的重要条件,当入射波浪的爬高超过堤顶高程时,将造成堤顶越浪。波浪在堤坡上随着水深的逐渐减小而发生破碎,冲击坡面,形成波动水流,在斜坡上往复上溯并回落,其上爬高度是波浪动力条件和海堤结构形式综合作用的反映,也是影响海堤越浪量的最根本因素。

（2）斜坡坡度的影响

不同坡度时越浪量随相对超高$(R_c/H_s)/\xi$的变化见图4.3-10,平台高程为2.0m,平台宽度为10.0m。由图4.3-10可见,在本次试验范围内,越浪量随坡度减缓而减小。这主要是由于随着坡度m逐渐增加,波浪爬高减小,使堤顶越浪量也相应减小。

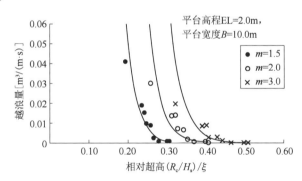

图4.3-10　不同坡度时越浪量随相对超高的变化

（3）平台宽度和高程的影响

不同平台宽度和高程下越浪量试验结果见表4.3-2,表中坡度$m=2.0$,平台宽度变化时高程为2.0m,平台高程变化时宽度为10.0m。

不同平台宽度和高程下越浪量试验结果　　　　　表4.3-2

试验编号	水深d（m）	有效波高H_s（m）	波浪周期T（s）	越浪量[m³/(m·s)]								
				平台宽度（高程2.0m）					平台高程（宽度10.0m）			
				0m	5.0m	10.0m	15.0m	20.0m	1.5m	2.0m	2.5m	3.0m
1	14.19	3.95	11.1	0.100	0.068	0.030	0.025	0.018	0.046	0.030	0.030	0.030
2	13.82	3.40	10.8	0.031	0.024	0.014	0.011	0.007	0.014	0.014	0.014	0.014

续上表

试验编号	水深 d (m)	有效波高 H_s (m)	波浪周期 T (s)	越浪量 [m³/(m·s)]								
				平台宽度（高程2.0m）					平台高程（宽度10.0m）			
				0m	5.0m	10.0m	15.0m	20.0m	1.5m	2.0m	2.5m	3.0m
3	13.69	3.16	10.5	0.009	0.005	0.002	0.002	0.001	0.002	0.002	0.002	0.002
4	13.47	2.80	10.3	0.002	0.001	0	0	0	0	0	0	0
5	13.47	2.80	12.0	0.003	0.001	0.001	0.001	0	0.001	0.001	0.001	0.001
6	13.47	2.80	8.0	0.036	0.017	0.007	0.005	0.002	0.008	0.007	0.007	0.007
7	13.47	3.95	11.1	0.029	0.015	0.007	0.004	0.001	0.007	0.007	0.006	0.006
8	13.47	3.95	10.3	0.053	0.026	0.014	0.009	0.005	0.015	0.014	0.013	0.013
9	13.47	3.95	12.0	0.010	0.003	0.001	0	0	0.001	0.001	0	0

由表4.3-2可见，平台宽度对越浪量影响较大，越浪量随平台宽度的增大而减小。当平台宽度在0～10.0m之间时，由于平台宽度的增加，波浪在平台上的破碎程度加剧，水体紊动损耗动能增大，波浪爬行距离增长，越浪量随平台宽度的增大而迅速减小。当平台宽度大于10.0m后，随着平台宽度的增大，越浪量的减小趋于平缓。

由于本次试验范围内的平台相对高程都较高，平台高程对越浪量影响相对较小，只有在1000年一遇高水位、平台高程1.5m时，越浪量才有较明显的增大。

（4）护面类型的影响

本次研究对人工岛断面进行了坡度 $m=2.0$、平台宽度 $B=10.0m$ 条件下扭工字块体和扭王字块体护面的越浪量试验。两种块体护面的越浪量试验结果见表4.3-3。

不同块体护面下越浪量试验结果　　　表4.3-3

试验编号	水深 d (m)	有效波高 H_s (m)	波浪周期 T (s)	越浪量 [m³/(m·s)]	
				扭工字块体	扭王字块体
1	14.19	3.95	11.1	0.0300	0.0570
2	13.82	3.40	10.8	0.0140	0.0218
3	13.69	3.16	10.5	0.0019	0.0038
4	13.47	2.80	10.3	0.0003	0.0009
5	13.47	2.80	12.0	0.0008	0.0021

续上表

试验编号	水深 d (m)	有效波高 H_s (m)	波浪周期 T (s)	越浪量[m³/(m·s)] 扭工字块体	越浪量[m³/(m·s)] 扭王字块体
6	13.47	2.80	8.0	0.0071	0.0153
7	13.47	3.95	11.1	0.0067	0.0134
8	13.47	3.95	10.3	0.0158	0.0280
9	13.47	3.95	12.0	0.0007	0.0010

由表 4.3-3 可见，扭工字块体护面的越浪量比扭王字块体的值小，两者相差幅度随越浪量增大而增大。

（5）堤顶坡肩宽度的影响

当斜坡堤顶部设置防浪墙时，防浪墙迎浪面距斜坡顶的水平距离称为坡肩宽度，堤顶肩宽是影响越浪量的重要参数。

堤顶扭工字块体护面下越浪量随堤顶肩宽的变化见图 4.3-11。由图 4.3-11 可见，随着肩宽的增大，越浪量不断减小，在肩宽大于 5.7m（2 排块体）后，减小的趋势逐渐减缓。对于扭工字块体护面，在肩宽 0~5.7m 范围内，越浪量基本呈线性减小，减小的幅度随越浪量增大而增大。

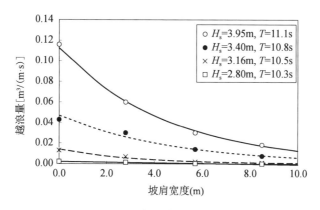

图 4.3-11 越浪量随坡肩宽度的变化

由于肩宽对越浪量影响较大，特别对于本书中的扭工字块体护面，因此，为了便于在平均越浪量计算公式中采用，需对堤顶扭工字块体护面的肩宽影响进行分析。不同肩宽下，坡肩折减系数 K_c 随初始越浪量 Q_0（坡肩宽度 0m 处的越浪量）的变化见图 4.3-12。

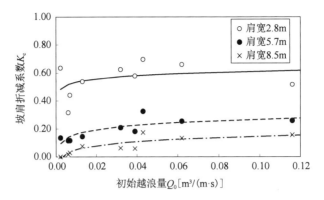

图 4.3-12　坡肩折减系数随初始越浪量的变化（扭工字块体）

由图 4.3-12 可见，对于扭工字块体护面，初始越浪量较小时[约小于 0.01m³/(m·s)]，坡肩折减系数随越浪量增大较快；初始越浪量较大时[大于 0.01m³/(m·s)]，坡肩折减系数随越浪量变化较缓。

根据本次试验结果，对于扭工字块体，不同肩宽（0m、2.8m、5.7m、8.5m）的坡肩折减系数分别为 1.00、0.60、0.25、0.14。

2）平均越浪量计算方法

由于本次试验针对人工岛断面进行，因此，越浪计算公式的建立应在已有研究成果基础上进行。

将本次试验结果与 Van der Meer 公式进行比较，见图 4.3-13，图中的实测越浪量采用坡肩为 0m 处的值。由图 4.3-13 可见，即使采用了坡肩 0m 处的越浪量值，Van der Meer 公式计算值仍然远大于试验实测值，但还是具有一定的相关性。

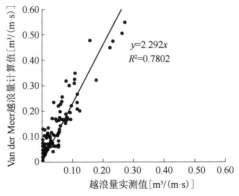

图 4.3-13　Van der Meer 越浪量计算值与实测值比较

由于 Van der Meer 公式考虑的参数相对比较合理,因此,本次研究选用 Van der Meer 公式的模式对试验数据进行拟合,由此得到人工岛越浪计算方法,见式(4.3-5)。

$$\frac{Q}{\sqrt{gH_s^3}} = \frac{0.003}{(\tan\alpha)^4 K_\Delta^2} K_c K_b \xi \exp\left(-4.75 \frac{R_c}{H_s \xi K_b K_\Delta}\right) \quad (4.3\text{-}5)$$

式中:Q——平均越浪量[m³/(m·s)];

R_c——堤顶超高(m),即堤顶高程与水位的差;

ξ——堤前波浪破碎参数,$\xi = \dfrac{1}{m\sqrt{H_s/(L)}}$;

K_c——坡肩折减系数;

K_Δ——护面糙率和渗透性系数,扭工护面为 0.43,扭王护面为 0.46;

K_b——平台折减速系数,见式(4.3-6)。

$$K_b = 1 - \frac{B}{B + mH_s + 6H_s}\left(1 - 0.5\frac{d_B}{H_s}\right)$$

$$(m \geqslant 1.5 \quad 0 < d_B/H_s < 2 \quad 0.6 \leqslant K_b \leqslant 1.0) \quad (4.3\text{-}6)$$

式中:B——平台宽度(m);

H_s——有效波高(m);

d_B——平台上水深(m)。

本书提出的平均越浪量计算方法[式(4.3-5)]计算值与本次试验实测值的比较见图 4.3-14,图中的斜线为 45°理想线。比较结果表明,对于本次人工岛断面形式和水位、波浪条件,平均越浪量计算值与试验值有较好的相关性。

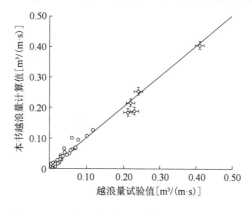

图 4.3-14 本书越浪量计算值与试验值比较

本书提出的人工岛波浪爬高和越浪量计算方法可为港珠澳大桥人工岛波浪爬高和越浪量预警提供技术支撑。

4.4 评估方法与应用

4.4.1 评估方法

护岸(海堤)的越浪量分级主要从结构安全和使用运维等角度进行考虑。目前国内外相关规范和标准中对护岸(海堤)越浪量分级标准均有规定,分别介绍如下。

日本港口建筑物设计标准中关于护岸和海堤的允许越浪量规定见表4.4-1和表4.4-2。

日本护岸、海堤越浪受灾限值　　表4.4-1

水工建筑物类型	护面情况	越浪量限值[$m^3/(m \cdot s)$]
护岸(无内坡)	堤顶有护面	0.2
	堤顶无护面	0.05
海堤(有后坡)	堤顶、前坡、后坡均有混凝土护面	0.05
	堤顶和前坡有混凝土护面,后坡无护面	0.02
	仅前坡有混凝土护面	0.005 及以下

日本与海堤后方陆域重要程度有关的允许越浪量　　表4.4-2

区域	允许越浪量[$m^3/(m \cdot s)$]
后方为居民区、公共设施等区域,越浪会造成特别严重的损失	约0.01
其他重要区域	约0.02
其他一般区域	0.02~0.06

美国标准 Coastal Engineering Manual(CEM)中建议(而不是规定)的平均越浪量界限见图4.4-1。

英国海工建筑物设计标准 BS6349 *Maritime Structures: Part 7. Guide to the Design and Construction of Breakwaters*(BSI)提供了对人员及车辆造成不同程度影响的允许越浪量指导值,见表4.4-3。

图 4.4-1 美国 CEM 建议的平均越浪量界限值

英标 BSI 规定的允许越浪量标准　　　　　　　　　　　　　表 4.4-3

考虑因素	越浪量限值$[m^3/(m \cdot s)]$
对人员行走造成不便	4×10^{-6}
对车辆通行造成不便	1×10^{-6}
对行人有危险	3×10^{-5}
造成车辆无法通行	2×10^{-5}

荷兰《海堤和护岸设计维护和安全评估》标准中规定了堤防工程的允许平均越浪量,见表 4.4-4。

荷兰堤防工程允许平均越浪量　　　　　　　　　　　　　表 4.4-4

考虑因素	越浪量限值$[m^3/(m \cdot s)]$
砂性土无植被覆盖	1×10^{-4}
黏性土有较好的植被覆盖	1×10^{-3}
黏土层,外坡植被,内坡罩面	1×10^{-2}
行人可安全行走	4×10^{-6}
行人交通危险	3×10^{-5}

我国水利部、交通运输部以及部分地方水利主管部门颁布实施的有关堤防工程标准中也对海堤和护岸等水工建筑物的越浪标准做了相应的规定,分别见表4.4-5[水利部《海堤工程设计规范》(SL 435—2008)]、表4.4-6[交通运输部《防波堤与护岸设计规范》(JTS 154—2018)]和表4.4-7[广东省《海堤工程设计标准》(DB 44/T 182—2004)]。

水利部《海堤工程设计规范》(SL 435—2008)规定的海堤允许越浪量 表4.4-5

海堤表面防护情况	允许越浪量[$m^3/(m \cdot s)$]
堤顶及背海侧为30cm厚干砌块石	≤0.01
堤顶为混凝土护面,背海侧为生长良好的草地	≤0.01
堤顶为混凝土护面,背海侧为30cm厚干砌块石	≤0.02
海堤三面(堤顶、临海侧和背海侧)均有保护,堤顶及背海侧均为混凝土保护	≤0.05

交通运输部《防波堤与护岸设计规范》(JTS 154—2018)规定的允许越浪量

表4.4-6

防护对象	防护设施	越浪量控制标准[$m^3/(m \cdot s)$]
掩护后方危化品罐区、岸顶铺设管线等重要设施	岸顶有防护	0.005
掩护后方罐区和较重要的基础性设施	岸顶有防护	0.010
后方人员和公用设施密集的区域	岸顶及内坡有防护	0.020
后方人员不密集或有堆场、仓库等一般性设施	岸顶及内坡有防护	0.050

广东省《海堤工程设计标准》(DB 44/T 182—2004)规定的海堤允许越浪量

表4.4-7

海堤状况	海堤形式和构造	允许越浪量[$m^3/(m \cdot s)$]
有后坡(海堤)	(1)堤顶为混凝土或浆砌块石,内坡为生长良好的草地	≤0.02
有后坡(海堤)	(2)堤顶为混凝土或浆砌块石护面,内坡为垫层完好的干砌块石护面	≤0.05
有后坡(海堤)	(3)对(2)提高1级校核越浪量	≤0.07
无后坡(护岸)	堤顶有铺砌	≤0.09
滨海城市堤路结合海堤	堤顶为钢筋混凝土路面,内坡为垫层完好的浆砌块石护面	≤0.09

现行国内外规范和标准中对越浪量分级考虑的侧重点存在一定的差异,见表4.4-8。综合上述国外相关规范和标准,护岸(海堤)的允许越浪量标准一般从三个需求层面考虑:一是建筑物本身的结构安全问题;二是堤后车辆、人员交通安全问题;三是后方掩护(陆域)重要性问题。其中,结构安全因素要求的允许越浪量最大[允许越浪量在$0.01\sim0.2\mathrm{m^3/(m\cdot s)}$之间];其次是后方掩护区域重要性[允许越浪量在$0.005\sim0.05\mathrm{m^3/(m\cdot s)}$之间];满足交通安全的允许越浪量最小,即与使用功能对应的允许越浪量要求明显高于结构安全的要求[允许越浪量在$0.000001\sim0.00003\mathrm{m^3/(m\cdot s)}$之间]。

国内外越浪量分级标准考虑因素汇总与比较　　　　　表4.4-8

国内外规范	越浪量分级标准考虑的因素		
	结构安全	交通安全	后方重要性
日本	考虑	未考虑	考虑
美国	考虑	考虑	未明确
英国	未明确	考虑	未明确
荷兰	考虑	仅考虑行人	未考虑
中国水利部	考虑	未考虑	未明确
中国交通运输部	考虑	未考虑	考虑
中国广东省	考虑	未考虑	未明确

综合国外相关规范和标准,并结合跨海通道人工岛的特点,跨海通道人工岛护岸的越浪量分级标准见表4.4-9。

跨海通道人工岛护岸越浪量分级标准　　　　　表4.4-9

越浪量分级(单宽平均越浪量Q)	风险等级
$Q<0.00001\mathrm{m^3/(m\cdot s)}$	Ⅰ 轻微
$0.00001\mathrm{m^3/(m\cdot s)}<Q<0.005\mathrm{m^3/(m\cdot s)}$	Ⅱ 较大
$0.005\mathrm{m^3/(m\cdot s)}<Q<0.010\mathrm{m^3/(m\cdot s)}$	Ⅲ 严重
$0.010\mathrm{m^3/(m\cdot s)}<Q<0.015\mathrm{m^3/(m\cdot s)}$	Ⅳ 很严重
$Q>0.015\mathrm{m^3/(m\cdot s)}$	Ⅴ 灾难性

4.4.2　评估应用

基于本文4.3节提出的越浪量计算方法,对港珠澳大桥西人工岛南侧和北侧护岸在不同水位和不同波浪条件下的单宽平均越浪量进行了计算,南侧和北侧越浪量计算结果分别见表 4.4-10 和表 4.4-11。

西人工岛南侧越浪量结果　　　　表 4.4-10

有效波高 H_s (m)	周期 T (s)	波长 L (m)	水位 WL (m)	堤顶高程 CL (m)	超高 R_c (m)	单宽平均越浪量 Q [$m^3/(m \cdot s)$]
2.0	10.0	100	2.0	9.5	7.5	0.000000
2.5	10.0	100	2.0	9.5	7.5	0.000000
3.0	10.0	100	2.0	9.5	7.5	0.000000
3.5	10.0	100	2.0	9.5	7.5	0.000004
4.0	10.0	100	2.0	9.5	7.5	0.000020
4.5	10.0	100	2.0	9.5	7.5	0.000073
5.0	10.0	100	2.0	9.5	7.5	0.000204
5.5	10.0	100	2.0	9.5	7.5	0.000469
2.0	10.0	100	2.5	9.5	7.0	0.000000
2.5	10.0	100	2.5	9.5	7.0	0.000000
3.0	10.0	100	2.5	9.5	7.0	0.000002
3.5	10.0	100	2.5	9.5	7.0	0.000014
4.0	10.0	100	2.5	9.5	7.0	0.000060
4.5	10.0	100	2.5	9.5	7.0	0.000186
5.0	10.0	100	2.5	9.5	7.0	0.000463
5.5	10.0	100	2.5	9.5	7.0	0.000979
2.0	10.0	100	3.0	9.5	6.5	0.000000
2.5	10.0	100	3.0	9.5	6.5	0.000001
3.0	10.0	100	3.0	9.5	6.5	0.000009
3.5	10.0	100	3.0	9.5	6.5	0.000048
4.0	10.0	100	3.0	9.5	6.5	0.000169
4.5	10.0	100	3.0	9.5	6.5	0.000456
5.0	10.0	100	3.0	9.5	6.5	0.001024
5.5	10.0	100	3.0	9.5	6.5	0.002005

续上表

有效波高 H_s (m)	周期 T (s)	波长 L (m)	水位 WL (m)	堤顶高程 CL (m)	超高 R_c (m)	单宽平均越浪量 Q [m³/(m·s)]
2.0	10.0	100	3.5	9.5	6.0	0.000000
2.5	10.0	100	3.5	9.5	6.0	0.000006
3.0	10.0	100	3.5	9.5	6.0	0.000038
3.5	10.0	100	3.5	9.5	6.0	0.000154
4.0	10.0	100	3.5	9.5	6.0	0.000455
4.5	10.0	100	3.5	9.5	6.0	0.001083
5.0	10.0	100	3.5	9.5	6.0	0.002214
5.5	10.0	100	3.5	9.5	6.0	0.004037
6.0	10.0	100	3.5	9.5	6.0	0.006750
2.0	10.0	100	4.0	9.5	5.5	0.000005
2.5	10.0	100	4.0	9.5	5.5	0.000034
3.0	10.0	100	4.0	9.5	5.5	0.000147
3.5	10.0	100	4.0	9.5	5.5	0.000467
4.0	10.0	100	4.0	9.5	5.5	0.001173
4.5	10.0	100	4.0	9.5	5.5	0.002493
5.0	10.0	100	4.0	9.5	5.5	0.004681
5.5	10.0	100	4.0	9.5	5.5	0.007994
6.0	10.0	100	4.0	9.5	5.5	0.012684
2.0	10.0	100	4.5	9.5	5.0	0.000038
2.5	10.0	100	4.5	9.5	5.0	0.000159
3.0	10.0	100	4.5	9.5	5.0	0.000513
3.5	10.0	100	4.5	9.5	5.0	0.001328
4.0	10.0	100	4.5	9.5	5.0	0.002903
4.5	10.0	100	4.5	9.5	5.0	0.005574
5.0	10.0	100	4.5	9.5	5.0	0.009688
5.5	10.0	100	4.5	9.5	5.0	0.015575

西人工岛北侧越浪量结果　　　　　　表 4.4-11

有效波高 H_s (m)	周期 T (s)	波长 L (m)	水位 WL (m)	堤顶高程 CL (m)	超高 R_c (m)	单宽平均越浪量 Q [$m^3/(m \cdot s)$]
2.0	6.0	51	2.0	8.0	6.0	0.000000
2.5	6.0	51	2.0	8.0	6.0	0.000000
3.0	6.0	51	2.0	8.0	6.0	0.000000
3.5	6.0	51	2.0	8.0	6.0	0.000004
4.0	6.0	51	2.0	8.0	6.0	0.000016
4.5	6.0	51	2.0	8.0	6.0	0.000050
5.0	6.0	51	2.0	8.0	6.0	0.000126
5.5	6.0	51	2.0	8.0	6.0	0.000272
2.0	6.0	51	2.5	8.0	5.5	0.000000
2.5	6.0	51	2.5	8.0	5.5	0.000000
3.0	6.0	51	2.5	8.0	5.5	0.000002
3.5	6.0	51	2.5	8.0	5.5	0.000014
4.0	6.0	51	2.5	8.0	5.5	0.000051
4.5	6.0	51	2.5	8.0	5.5	0.000143
5.0	6.0	51	2.5	8.0	5.5	0.000327
5.5	6.0	51	2.5	8.0	5.5	0.000652
2.0	6.0	51	3.0	8.0	5.0	0.000000
2.5	6.0	51	3.0	8.0	5.0	0.000002
3.0	6.0	51	3.0	8.0	5.0	0.000012
3.5	6.0	51	3.0	8.0	5.0	0.000053
4.0	6.0	51	3.0	8.0	5.0	0.000163
4.5	6.0	51	3.0	8.0	5.0	0.000399
5.0	6.0	51	3.0	8.0	5.0	0.000831
5.5	6.0	51	3.0	8.0	5.0	0.001540
2.0	6.0	51	3.5	8.0	4.5	0.000001
2.5	6.0	51	3.5	8.0	4.5	0.000011
3.0	6.0	51	3.5	8.0	4.5	0.000055

续上表

有效波高 H_s (m)	周期 T (s)	波长 L (m)	水位 WL (m)	堤顶高程 CL (m)	超高 R_c (m)	单宽平均越浪量 Q [$m^3/(m·s)$]
3.5	6.0	51	3.5	8.0	4.5	0.000189
4.0	6.0	51	3.5	8.0	4.5	0.000497
4.5	6.0	51	3.5	8.0	4.5	0.001085
5.0	6.0	51	3.5	8.0	4.5	0.002073
5.5	6.0	51	3.5	8.0	4.5	0.003585
6.0	6.0	51	3.5	8.0	4.5	0.005746
2.0	6.0	51	4.0	8.0	4.0	0.000010
2.5	6.0	51	4.0	8.0	4.0	0.000061
3.0	6.0	51	4.0	8.0	4.0	0.000230
3.5	6.0	51	4.0	8.0	4.0	0.000644
4.0	6.0	51	4.0	8.0	4.0	0.001467
4.5	6.0	51	4.0	8.0	4.0	0.002882
5.0	6.0	51	4.0	8.0	4.0	0.005079
5.5	6.0	51	4.0	8.0	4.0	0.008235
6.0	6.0	51	4.0	8.0	4.0	0.012516
2.0	6.0	51	4.5	8.0	3.5	0.000080
2.5	6.0	51	4.5	8.0	3.5	0.000308
3.0	6.0	51	4.5	8.0	3.5	0.000892
3.5	6.0	51	4.5	8.0	3.5	0.002091
4.0	6.0	51	4.5	8.0	3.5	0.004193
4.5	6.0	51	4.5	8.0	3.5	0.007484
5.0	6.0	51	4.5	8.0	3.5	0.012230
5.5	6.0	51	4.5	8.0	3.5	0.018663

根据西人工岛南侧和北侧护岸在不同水位和不同波浪条件下的越浪量结果，结合人工岛交通通行安全及防洪排涝等因素，将人工岛护岸越浪量风险等级分为四级，并提出相应的预警级别和应对措施，见表4.4-12。

人工岛护岸越浪量风险等级对应的预警级别及应对措施(以西人工岛为例)

表 4.4-12

风险等级	接受准则	预警等级	应对措施
一般风险-Ⅰ级	$Q<0.00001\text{m}^3/(\text{m}\cdot\text{s})$ 水位(m) + 有效波高 H_s(m) < 5.5m	四级预警-Ⅳ级	注意监测
较大风险-Ⅱ级	$0.00001<Q<0.005\text{m}^3/(\text{m}\cdot\text{s})$ $5.5\text{m}\leq$ 水位(m) + 有效波高 H_s(m) < 8.0m	三级预警-Ⅲ级	注意监测,采取禁止车辆通行等措施,注意岛内防洪排涝,必要时开启岛内防洪排涝设施设备
重大风险-Ⅲ级	$0.005<Q<0.015\text{m}^3/(\text{m}\cdot\text{s})$ $8.0\text{m}\leq$ 水位(m) + 有效波高 H_s(m) < 9.5m	二级预警-Ⅱ级	开启岛内防洪排涝设施设备,监测排涝情况
特大风险-Ⅳ级	$Q>0.015\text{m}^3/(\text{m}\cdot\text{s})$ 水位(m) + 有效波高 H_s(m) $\geq$ 9.5m	一级预警-Ⅰ级	开启岛内防洪排涝设施,监测排涝情况,并注意岛上建筑物结构安全

注:表中水位高程为 1985 国家高程基准。

4.5 本章小结

影响波浪爬高和越浪量的因素非常复杂,现有计算爬高和越浪量的公式大多适用范围较窄,使用起来有很大的局限性,且彼此之间的计算结果差异也很大,因此结合港珠澳大桥人工岛结构,进行波浪爬高和越浪量研究,提出复坡结构形式护岸的波浪爬高和越浪量计算方法,是十分必要的。

人工岛仿真试验结果表明:斜坡坡度减缓可以减小爬高和越浪($m=1.5\sim2.5$);平台宽度增大可以减小爬高和越浪,当平台宽度大于10m后,随着平台宽度的增大,爬高和越浪量的减小趋于平缓;平台高程增加可以减小爬高和越浪,但在本次试验范围(平台高程$1.5\sim3.0$m)内的平台相对高程都较高,平台高程对越浪量的影响相对较小;扭工字块体护面的爬高和越浪量比扭王字块体的值小,两者相差幅度随越浪量增大而增大;坡肩宽度增加可以有效减小越浪量,在肩宽大于5.7m(2排块体)后,减小的趋势逐渐减缓。

本章提出的波浪爬高和越浪量计算方法对人工岛工程的复坡结构形式护岸

更具针对性。基于所提出的人工岛护岸越浪量计算方法,结合国内外规范中越浪量的规定和跨海通道人工岛的特点,从对人工岛通行以及防洪排涝的影响程度,提出了跨海通道人工岛护岸的越浪量分级标准。以港珠澳大桥西人工岛为例,将人工岛护岸越浪量风险等级分为四级(一般风险-Ⅰ级、较大风险-Ⅱ级、重大风险-Ⅲ级和特大风险-Ⅳ级),并提出相应的预警级别和应对措施,可为人工岛越浪量评估及运维管理提供可靠的科技支撑。

本章参考文献

[1] Meer J W V D, Janssen J P F M. Wave run-up and wave overtopping at dikes[J]. American society of civil engineers, 1995.

[2] Manual on wave overtopping of sea defences and related structures: EurOtop(2018)[S]. London: Environment A-gency, 2018.

[3] 中华人民共和国交通运输部. 港口与航道水文规范: JTS 145—2015[S]. 北京: 人民交通出版社股份有限公司, 2015.

[4] 中华人民共和国住房和城乡建设部. 海堤工程设计规范: GB/T 51015—2014[S]. 北京: 中国计划出版社, 2015.

[5] 中华人民共和国住房和城乡建设部. 堤防工程设计规范: GB 50286—2013[S]. 北京: 中国计划出版社, 2013.

[6] 刘宁, 蔡伟, 苏永生. 国内外标准斜坡式海堤波浪爬高计算方法对比[J]. 水运工程, 2019(4):6.

[7] 陈国平. 波浪爬高及越浪量研究[D]. 南京: 河海大学, 2008.

[8] 陈国平, 王铮, 袁文喜, 等. 不规则波作用下波浪爬高计算方法[J]. 水运工程, 2010(02):23-30.

[9] 沈雨生, 夏子立, 周益人, 等. 港珠澳大桥人工岛波浪爬高试验研究[J]. 水道港口, 2023, 44(02):166-172.

[10] Saville T. Laboratory data on wave run-up and over-topping, Lake Okeechobee levee sections[R]. Washington, D.C.: U.S. Army, Corps of Engineers, Beach Erosion Board, 1955.

[11] Saville T. Large-scale model tests of wave run up and overtopping on shore structures[R]. Washington, D.C.: U.S. Army, Corps of Engineers, Beach Erosion Board, 1958.

[12] Weggle J R. Wave overtopping equation[C] // Proceedings of 15th Conference on Coastal Engineering, 1977: 2737-2755.

[13] Owen M W. Design of seawalls allowing for overtopping[R]. UK: HR Wallingford, 1980.

[14] Waal J P D, Meer J W V D. Wave run-up and overtopping on coastal structures[C] // 23rd International Conference on Coastal Engineering, 1993.

[15] Bruce T, Meer J W V D, Franco L, et al. Overtopping performance of different armour units for rubble mound breakwaters[J]. Coastal Engineering, 2009, 56(2):166-179.

[16] Meer J W V D, Bruce T. New physical insights and design formulas on wave overtopping at sloping and vertical structures[J]. Journal of Waterway, Port, Coastal & Ocean Engineering, 2014, 140(6):04014025.

[17] 陈国平,周益人,严士常.不规则波作用下海堤越浪量试验研究[J].水运工程,2010(3):6.

[18] Formentin S M, Zanuttigh B, Meer J W V D. A neural network tool for predicting wave reflection, overtopping and transmission[J]. Coastal Engineering Journal, 2017,59(1):1750006-1-1750006-31.

[19] 周益人,潘军宁,左其华.港珠澳大桥人工岛越浪量试验[J].水科学进展,2019,30(6):7.

第 5 章

人工岛水沙动力仿真和堤前冲刷

人工岛堤前冲刷深度是评定人工岛抗冲刷能力的重要指标。本章通过数学模型和物理模型的试验数据,结合港珠澳大桥人工岛周边海床的水下地形数据,给出了堤前冲刷的阈值和分级标准。根据人工岛周边水下地形的检测数据,通过人工岛专项评估系统自主进行人工岛堤前冲刷等级评定,提高了人工岛抗冲刷能力指标评定的效率。

5.1 概述

港珠澳大桥跨越珠江口伶仃洋海域,是连接香港特别行政区、广东省珠海市、澳门特别行政区的大型跨海通道。大桥采用桥岛隧相结合的方式跨越伶仃洋,工程项目主体之一为主通航区所在的东、西两个大型人工岛工程。伶仃洋作为珠江的重要入海口,水下地形近百年来始终保持着"三滩两槽"的分布格局。而在伶仃洋海域中间建设大型人工岛必将会改变人工岛水域的水动力条件,进而改变人工岛附近水域的水下地形分布形态,并在潮汐、波浪等多种动力的长期作用下形成新的水下滩槽格局。

关于相关海域人工岛对周边水沙环境的影响预测已开展了大量研究。人工岛的存在,改变了局部海域的水下地形分布形态,同时改变了局部水域的水动力结构,继而使得人工岛及其周边的地貌演变产生相应的变化。在预测海中人工岛对周边环境的影响研究中,数学模型是一种被广泛采用的技术手段。例如,盛天航等使用平面二维数值模型模拟了秦皇岛汤河河口人工岛建设后的流场,表明人工岛在实施河道清淤的情况下,有利于泥沙的冲刷;李松喆通过潮流、波浪数值模型研究了海南省红塘湾海域人工岛的平面布置形式与岸滩演变之间的制衡关系;何杰等使用平面二维数值模型,探究了港珠澳大桥人工岛建设对珠江口水动力的影响程度,对沉管隧道基槽的泥沙回淤和东人工岛岛隧结合部水动力条件变化进行了预测;陈亮鸿等采用COAWST模型探究海南铺前湾人工岛建设对岬角涡旋及海湾地形冲淤的影响。在人工岛工程设计阶段,数值模型作为预测工具,往往采用水动力过程、实测含沙量、工程前的地形演变过程等来进行模型的冲淤验证。模型预测的结果很少能与工程建设后实际产生的影响效应进行直接对比。因此,通过跟踪人工岛工程实际产生的工程影响效应并对当初设计阶段预测的地形演变结果进行检验将是一项十分有意义的研究。

在工程设计阶段采用平面二维潮流悬沙数学模型探究了港珠澳大桥人工岛对工程周边滩槽的演变影响。在模型回淤验证时对人工试挖槽的回淤过程进行了很好的验证,对人工岛周边滩槽的演变趋势进行了预测。人工岛建成8年后,根据人工岛附近水下地形的监测结果,对比人工岛工程设计阶段预测的地形与建设后的实测地形差异,分析人工岛水下滩槽演变的工程效应,同时为港珠澳大桥工程设计阶段所采用数学模型的预测精度和适用性进行了佐证。

5.2 仿真模拟

数学模型采用南京水利科学研究院自主研发的 NHRI_RECO_CS 河口海岸数值模拟潮流泥沙数值模拟系统软件。该数值模拟系统采用 Visual C++ 编制,具有系统集成性好、操作界面友好、可视化程度高、系统稳定等特点。该软件系统已纳入国家科技成果编号,成为交通运输部水运行业推荐使用软件之一。该软件先后应用到广州港、深圳港、丹东港以及广州港深水航道工程、崖门出海航道工程、长江口深水航道治理工程等大型港口、航道工程及港珠澳大桥、深圳至中山跨江通道等大型跨河、跨海桥梁的涉水工程项目。

5.2.1 基本原理

针对河口海岸区域水流运动水平向尺度远大于垂向尺度的特点,采用平面二维水动力模型计算,模拟内容包括水动力、泥沙冲淤和床面变形方面的预测。

在笛卡尔直角坐标系下,根据静压和势流假定,沿垂向平均的二维潮流、悬沙基本方程可表述为如下形式:

连续方程:

$$\frac{\partial \zeta}{\partial t} + \frac{\partial}{\partial x}[(h+\zeta)u] + \frac{\partial}{\partial y}[(h+\zeta)v] = 0 \qquad (5.2\text{-}1)$$

动量方程：

$$\frac{\partial u}{\partial t}+u\frac{\partial u}{\partial x}+v\frac{\partial u}{\partial y}-f\cdot v+g\frac{\partial \zeta}{\partial x}-\frac{\tau_x^s-\tau_x^b}{\rho_\omega(h+\zeta)}=\varepsilon_x\left(\frac{\partial^2 u}{\partial x^2}+\frac{\partial^2 u}{\partial y^2}\right) \quad (5.2\text{-}2)$$

$$\frac{\partial v}{\partial t}+u\frac{\partial v}{\partial x}+v\frac{\partial v}{\partial y}+f\cdot u+g\frac{\partial \zeta}{\partial y}-\frac{\tau_y^s-\tau_y^b}{\rho_\omega(h+\zeta)}=\varepsilon_y\left(\frac{\partial^2 v}{\partial x^2}+\frac{\partial^2 v}{\partial y^2}\right) \quad (5.2\text{-}3)$$

式中：ζ——水位(m)；

　　　h——水深(m)；

　　　t——时间(s)；

　　　f——科氏力(N)；

　　x、y——笛卡尔坐标系(m)；

　　　g——重力加速度(m/s^2)；

　　　τ_x^s——自由表面处 x 方向应力(N/m^2)；

　　　τ_y^b——床面处 x 方向应力(N/m^2)；

　　　τ_y^s——自由表面处 y 方向应力(N/m^2)；

　　　τ_y^b——床面处 y 方向应力(N/m^2)；

　　　u——x 方向流速(m/s)；

　　　v——y 方向流速(m/s)；

ε_x、ε_y——x、y 方向的水体运动黏性系数(m^2/s)；

　　　ρ_ω——水体密度(m/s^3)。

悬沙扩散输移方程：

$$\frac{\partial}{\partial t}[(h+\zeta)s]+\frac{\partial}{\partial x}[(h+\zeta)us]+\frac{\partial}{\partial y}[(h+\zeta)vs]+F_s$$

$$=\frac{\partial}{\partial x}\left[K_x(h+\zeta)\frac{\partial s}{\partial x}\right]+\frac{\partial}{\partial y}\left[K_y(h+\zeta)\frac{\partial s}{\partial y}\right] \quad (5.2\text{-}4)$$

式中：s——水体含沙量(kg/m^3)；

　　　F_s——源汇项；

K_x、K_y——分别为 x 方向和 y 方向的泥沙扩散系数(m^2/s)。

河床变形方程：

$$\gamma_0\frac{\partial \eta}{\partial t}=F_s \quad (5.2\text{-}5)$$

式中:γ_0——泥沙密度(m/s^3);

η——床面高程(m)。

将平面二维水沙运动方程写成如下的向量表示形式:

$$\frac{\partial U}{\partial t} + \nabla E = S + \nabla E^d \tag{5.2-6}$$

式中:U——列向量,$U = (d, du, dv, ds)^T$;

d——全水深(m),$d = h + \zeta$(h 为水平面以下水深;ζ 为潮位)。

$$E = (F, G), F = \begin{bmatrix} du \\ du^2 + gh^2/2 \\ duv \\ dus \end{bmatrix}, G = \begin{bmatrix} dv \\ duv \\ dv^2 + gh^2/2 \\ dvs \end{bmatrix} \tag{5.2-7}$$

水流和泥沙运动方程的紊动扩散项表示为:

$$E^d = (F^d, G^d), F^d = \begin{bmatrix} 0 \\ \varepsilon_x d \frac{\partial u}{\partial x} \\ \varepsilon_x d \frac{\partial v}{\partial x} \\ k_x d \frac{\partial s}{\partial x} \end{bmatrix}, G^d = \begin{bmatrix} 0 \\ \varepsilon_y d \frac{\partial u}{\partial y} \\ \varepsilon_y d \frac{\partial v}{\partial y} \\ k_y d \frac{\partial s}{\partial y} \end{bmatrix} \tag{5.2-8}$$

式中:ε_x、ε_y——x、y 方向的水流涡黏系数,这里取各向同性,即 $\varepsilon_x = \varepsilon_y = \varepsilon$,可表示为 $\varepsilon = kdU_*$,其中 U_* 为摩阻流速,表示为 $U_* = \dfrac{n\sqrt{g(u^2+v^2)}}{d^{1/6}}$;

k_x、k_y——x、y 方向的泥沙紊动扩散项系数,根据 Eider 经验公式有:

$$k_x = 5.93 \sqrt{g} n |du|/d^{1/6} \tag{5.2-9}$$

$$k_y = 5.93 \sqrt{g} n |dv|/d^{1/6} \tag{5.2-10}$$

源项 S 表示如下:

$$S = S_0 + S_f = \begin{pmatrix} 0 \\ S_{0x} + S_{fx} + fv \\ S_{0y} + S_{fy} - fu \\ -F_s \end{pmatrix} \tag{5.2-11}$$

式中:S_{0x}、S_{0y}——x、y 方向的倾斜效应项,即河床底部高程变化,$S_{0x} = -gd\partial z_b/x$,$S_{0y} = -gd\partial z_b/y$,$z_b$ 为河床底面高程;

S_{fx}、S_{fy}——x、y 方向的底摩擦效应项,$S_{fx} = -\dfrac{gn^2 u \sqrt{u^2+v^2}}{d^{1/3}}$,$S_{fy} = -\dfrac{gn^2 v \sqrt{u^2+v^2}}{d^{1/3}}$,

其中 n 为曼宁系数;

f——柯氏系数,$f = 2\omega\sin\Phi$,ω 表示地转速度,Φ 为当地地理纬度;

F_s——床面冲淤函数,可用下式表示:

$$F_s = -\alpha\omega(\beta_1 \cdot s_* - \beta_2 \cdot s) \tag{5.2-12}$$

$$\beta_1 = \begin{cases} 1 & (u \geqslant u_c) \\ 0 & (u < u_c) \end{cases} \qquad \beta_2 = \begin{cases} 1 & (u \geqslant u_f) \\ 0 & (u < u_f) \end{cases} \tag{5.2-13}$$

式中:α——泥沙的沉降率;

ω——泥沙沉速(m/s);

s_*——水流挟沙率(kg/s);

u_c——泥沙起动流速(m/s);

u_f——泥沙悬浮流速。

具体计算方式如下:

$$s_* = 0.07 = \frac{u^2}{g\omega(h+\zeta)} \tag{5.2-14}$$

$$\omega = \omega_0 k_f \frac{1 + 4.6 s^{0.6}}{1 + 0.06 u^{0.75}} \tag{5.2-15}$$

$$u_c = \left(\frac{H}{d}\right)^{0.14}\left(17.6\frac{\gamma_s-\gamma}{\gamma}d + 6.05\times 10^{-7}\frac{10+H}{d^{0.72}}\right)^{1/2} \tag{5.2-16}$$

$$u_f = 0.812 d^{0.4}\omega^{0.2}H^{0.2} \tag{5.2-17}$$

$$\gamma_0 = 1750 d_{50}^{0.183} \tag{5.2-18}$$

床面糙率采用下式计算:

$$n = n_0 + n' \tag{5.2-19}$$

式中:n_0——沙粒糙率,与床沙质粒径有关;

n'——附加糙率,与海床的相对起伏度变化对应,一种简单的表达式为:

$$n' = \frac{k_n}{h+\zeta} \qquad (h+\zeta \geqslant 0.5\mathrm{m}) \tag{5.2-20}$$

式中：k_n——经验系数，取值范围一般为 0.01~0.02，根据不同的水下地形可选择相应的 k_n 值。

5.2.2 计算方法

采用有限体积法对水沙方程进行离散求解，实质就是以单元为对象进行水量、动量和沙量的平衡，物理意义清楚，可以准确地满足积分方程的守恒，计算结果精度较高，且能处理含间断或陡梯度的流动。

为了实现和计算上的方便，统一采用三角形单元对计算区域进行离散，并将单一的网格单元作为控制元，物理变量配置在每个单元的中心。

将第 i 号控制元记为 Ω_i，在 Ω_i 上对向量式的基本方程(5.2-2)至(5.2-3)进行积分，并利用 Green 公式将面积分化为线积分，得：

$$\frac{\partial}{\partial t}\int_{\Omega_i} U \mathrm{d}\Omega_i + \oint_{\partial \Omega_i} (E \cdot \vec{n_i} - E^d \cdot \vec{n_i}) \mathrm{d}l = \int_{\Omega_i} S \mathrm{d}\Omega_i \tag{5.2-21}$$

式中：$\mathrm{d}\Omega_i$——面积分微元；

$\mathrm{d}l$——线积分微元；

$\vec{n_i}$——第 i 号控制元边界单位外法向量，$\vec{n_i} = (n_{ix}, n_{iy}) = (\cos\theta, \sin\theta)$，$n_{ix}$、$n_{iy}$ 分别代表第 i 号控制元边界单位外法向量 x、y 方向的分量。

沿单元边界线积分可以表示为三角形各边积分之和：

$$\oint_{\partial \Omega_i} (E \cdot \vec{n_i} - E^d \cdot \vec{n_i}) \mathrm{d}l = \sum_{k=1}^{3} (E_k \cdot n_k - E_k^d \cdot n_k) \cdot l_k \tag{5.2-22}$$

式中：k——三角形单元边的序号；

$E_k \cdot n_k$、$E_k^d \cdot n_k$——第 k 条边的对流项、紊动项的外法线数值通量；

l_k——三角形第 k 条边的边长。

式(5.2-22)的求解分为三个部分，一是对流项的数值通量求解，二是紊动项的求解，三是源项中底坡项的处理。对流项基面数值通量的求解格式有多种，这里采用 Roe 格式的近似 Riemann 解。浅水方程的紊动黏性项采用单元交界面的平均值进行估算，底坡源项采用特征分解法处理。

(1) 初边值问题

实际流体流动都属于混合初边值问题。初始条件一般设定为静水,所带来的误差随时间增加很快衰减。边界条件主要分为两类:陆地边界和开边界(水边界)。边界条件的好坏直接影响到计算的稳定性和结果的精度。

边界条件主要是由已知状态 u_L 推求未知状态 u_R。

开边界可分为急流开边界和缓流开边界,在边界处给定水位过程 $\zeta = \zeta_R$ 的情况下,未知状态的确定方法如表 5.2-1 所示。

开边界物理量给定　　　表 5.2-1

流态类型	出入流开边界	
	缓流	急流
边界条件	$u_{n,R} = u_{n,L} + 2(\sqrt{gD_L} - \sqrt{gD_R})\ u_{\tau,R} = u_{\tau,L}$	$u_{n,R} = u_{n,L}$ $u_{\tau,R} = u_{\tau,L}$

陆地边界采用镜像法,设想边界外面存在一个对称的虚拟控制体,即 $D_R = D_L, u_{n,R} = -u_{n,L}, u_{\tau,R} = u_{\tau,L}$。其中,$u_n$、$u_\tau$ 分别代表单元法向和切向的流速。这种方法的缺点就是将陆边界作为内部边界处理,利用静压假定但未作修正,适用于边界单元的流速近似与固壁平行的情况。

(2) 研究范围及网格

在河口海湾的平面二维潮流计算中,针对计算域内岛屿较多、岸线曲折边界复杂的特点,采用三角形网格对计算域进行剖分是非常合适的。采用三角形网格剖分计算域,既可以克服矩形网格锯齿形边界所造成的流动失真,也可以避免生成有结构贴体曲线网格的复杂计算和其他困难。因此,为了更好地拟合珠江口的形状以及桥墩和人工岛的形状,采用的网格均由三角形单元组成。珠江口计算域内共划分约 6 万个三角单元,并对各主要航道所经工程水域和港珠澳大桥工程附近水域网格进行加密,外伶仃洋海域水面宽阔,可加大网格单元尺寸。

伶仃洋水沙模型覆盖伶仃洋整个河口湾。模型东西宽 51km,南北长 108km,控制面积达 $4 \times 10^3 km^2$。北边界位于虎门口内,南边界至大万山岛以外 -30m 水深处,西边界设在磨刀门口水道,东边界至香港机场以东的汲水门水道,共有 7 个开边界,其中湾外阔海域采用潮位控制,东侧香港汲水门、西侧磨刀门水道、北端虎门水道、蕉门水道、洪奇门水道以及横门水道的水位边界由珠江三角洲及河口区整体二维潮流模型提供。模型水深采用 2011 年伶仃洋水域 1:10000(珠江基面高程)水下地形资料,其他水域采用相关海图数据补充(图 5.2-1)。在对试挖槽回淤验证时采用 2009 年 2 月 6 日实测的试挖槽竣工后的水下地形,对基槽回淤验证时采用基槽设计断面水深修正。

(3)水沙过程检验

潮流泥沙数学模型与天然相似的条件,主要取决于模型计算出的潮流场和含沙量场与实测结果的吻合程度。本模型在港珠澳大桥工可阶段对汛期大潮水情(2007 年 8 月 13 日—14 日)和枯季大潮水情(2009 年 3 月 27 日—28

图 5.2-1　二维数学模型水下地形分布

日)两组水文泥沙实测资料进行了验证计算,限于篇幅,验证情况不列在本书内。这里将对 2015 年 10 月份东岛基槽水域实测的潮位和潮流过程做进一步的验证和模拟。该组水情测验过程含 3 站潮位和 8 条垂线的潮位、流速和流向资料可供模型验证,测点位置见图 5.2-2 所示。数学模型分别模拟和验证了测验期间的大潮(2015 年 10 月 14 日—15 日)和小潮(2015 年 10 月 6 日—7 日)两个潮周期过程。

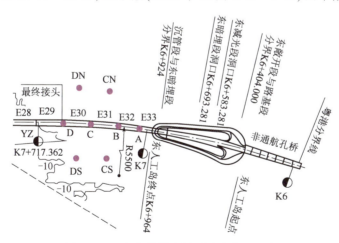

图 5.2-2　东岛基槽水域测流点位置示意

图 5.2-3 和图 5.2-4 给出了大潮期间局部模型覆盖水域在涨急和落急时刻的潮流流态平面分布。从图中可以看出,主槽流速强于边滩、东部大于西部、表层大于底层;涨落潮主流与主槽走向基本趋于一致;西滩各口门水道与主深槽的交汇处分汇流态比较明显。在落急时刻,上游各水道的水流一起下泄进入伶仃

洋,汇同伶仃洋的落潮流水体向南运动,伶仃洋东槽的落潮水体在同深圳湾的落潮流汇合后继续向南流动,在铜鼓海域受香港机场顶托分成两股,一股向东经香港水道流出伶仃洋,另一股转向西南,绕过大濠岛向东南流动。在涨潮时刻,经香港水道的涨潮水体自东向西进入伶仃洋,与经珠海至大濠岛断面的涨潮水体在铜鼓海区汇合,向北流动,并在赤湾附近分流,一股潮流流入深圳湾,另一股继续向北流动。

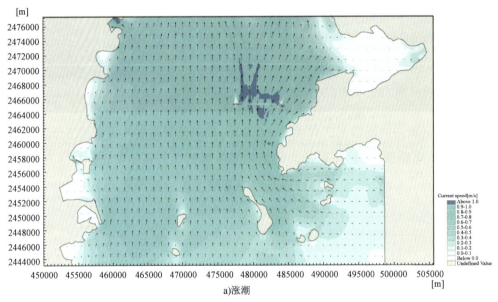

a)涨潮

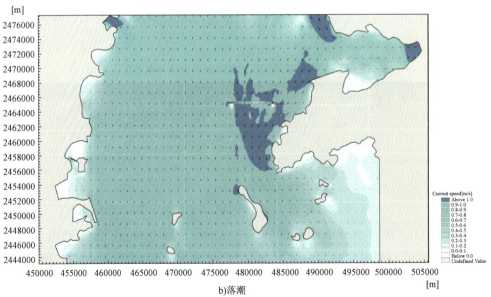

b)落潮

图 5.2-3 基槽附近水域水体表层流态平面分布

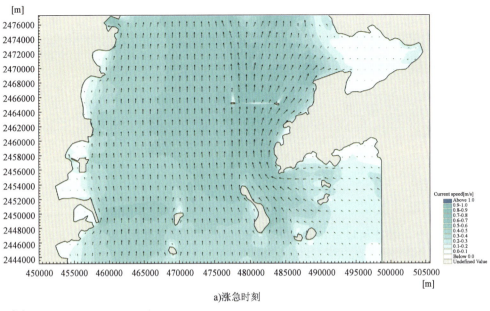

a) 涨急时刻

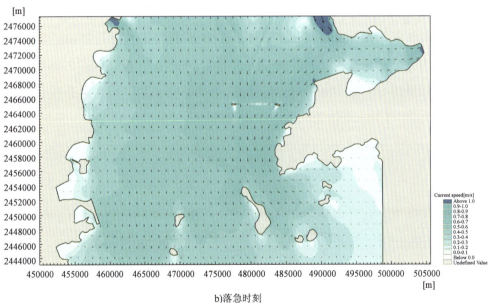

b) 落急时刻

图 5.2-4 基槽附近水域水体底层流态平面分布

采用泥沙数字模型对基槽在天然条件下的回淤进行验证,验证资料为基槽上游采砂区关闭后基槽的实测淤积数据(表 5.2-2 与表 5.2-3)。

基槽沿程各管节回淤盒淤积资料   表 5.2-2

管节	E15	E16	E17	E18	E19
日期	2月15日— 2月21日	4月5日— 4月10日	5月16日— 5月25日	6月18日— 6月26日	6月13日— 6月16日

续上表

日平均厚度(cm/d)	1.19	0.74	1.70	1.40	1.70
日期	3月19日—3月24日		5月29日—6月8日		7月14日—7月23日
日平均厚度(cm/d)	1.11		1.29		1.43
日平均厚度(cm/d)			1.32		

2015年12月22日—2016年3月16日各管节基槽回淤统计　　表5.2-3

管节	E25	E26	E27	E28	E29	E30	E31
平均淤厚(cm/d)	1.24	1.00	1.55	1.53	1.33	1.20	0.66

根据基槽回淤资料统计,E15至E19管节基槽内回淤盒平均日淤厚为1.32cm,最新实测资料表明E25至E31管节基槽平均日回淤1.25cm。数学模型对基槽内日淤厚模拟和实测数据对比如图5.2-5所示。模型模拟的基槽回淤分布趋势和量级与基槽实际回淤比较接近,表明该泥沙数学模型具有模拟基槽回淤的能力,可作为沉管隧道泥沙回淤模拟的计算工具。

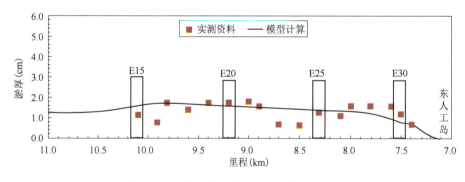

图5.2-5　数模模拟结果与实测资料对比

5.3　成果分析

图5.3-1显示了人工岛工程实施一年后的海床冲淤变化数值模拟结果,人工岛上、下游均有梭状淤积体形成。对比人工岛上、下游的淤积体分布形态可以

看出，人工岛对伶仃洋水域的水沙环境影响集中在人工岛上下游各5km水域,呈现出人工岛两端冲刷、上下游形成以岛为中心的带状淤积体的特点。岛南侧的带状淤积体较长、范围较大,岛北侧的淤积体范围较小,淤积体范围的大小和人工岛南、北两侧的回流范围有一定关系。人工岛北侧淤积体的淤积厚度相对岛南侧要大一些,淤积强度最大超过2.0m/a。东、西两人工岛相比较而言,西岛南、北两侧形成的淤积体无论范围还是强度都要比东岛大一些。两人工岛南北侧形成的带状淤积体范围并没有波及通航区的伶仃航道、铜鼓航道和榕树头航道。人工岛两侧的挑流作用使得岛两侧均出现不同程度的冲刷,西岛的西侧和东岛的两侧形成的冲刷范围较大,冲刷强度超过0.80m/a。两人工岛的束水作用使得通航区的潮流动力增强,铜鼓航道(西线)的部分航道出现冲刷,伶仃航道穿过主通航区一段航道的航槽淤积呈减小趋势。

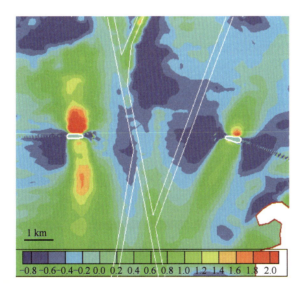

图5.3-1 人工岛水域海床冲淤平面分布（单位：m/a）

注：负值表示冲刷，正值表示淤积。

人工岛上、下游梭状淤积体的形成,主要是由于人工岛改变了原有的流场,如图5.3-2所示,人工岛上下游成为流速减小区,两侧成为流速增加区;人工岛背水面的回流区成为流速减小的主要水域,迎水面一侧也有较小范围的流速减小区。人工岛的流速减小区范围和形状同人工岛的回流范围和形状基本相似,西人工岛涨急时刻流速减小区正北向、落急时刻南偏东向;东人工岛涨急时刻流速减小区北偏东,落潮时刻南偏西。人工岛迎水面和背水面形成的弱流区为泥沙回淤提供了良好的环境，因此人工岛形成的泥沙冲淤部位和强度与人工岛周边的水流条件密切相关。

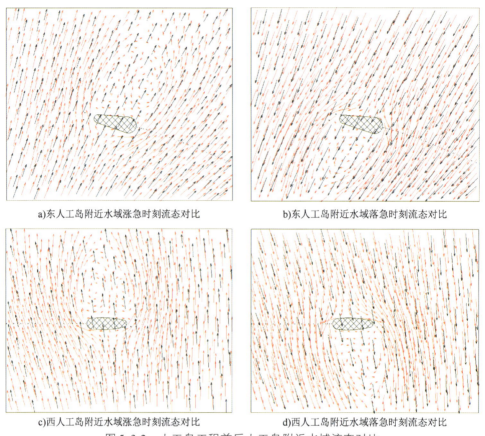

a) 东人工岛附近水域涨急时刻流态对比　　b) 东人工岛附近水域落急时刻流态对比

c) 西人工岛附近水域涨急时刻流态对比　　d) 西人工岛附近水域落急时刻流态对比

图 5.3-2　人工岛工程前后人工岛附近水域流态对比

注：红色表示工程前，黑色表示工程后。

人工岛工程在 2011 年建成，在 2019 年对人工岛水域进行了水下地形测量。通过 2009 年至 2019 年间的水下地形实测年平均冲淤速率分布情况（图 5.3-3）可以看出，东、西人工岛和隧道区在大桥沿程产生的水下地形冲淤变化相对明显。隧道沿程水深出现了较大幅度的增加，这是隧道基槽开挖后未完全回填形成的。西人工岛形成以岛为中心、南北走向的淤积带，南、北两侧的淤积带长度分别为 5.2km 和 4.5km，淤积体东西向最大宽度为 1.5km，最大淤厚区域的淤积速率在 0.3m/a 左右；东人工岛同样形成以岛为中心的淤积体，南、北两侧的淤积带则呈 NNE—SSW 向，长度分别为 5.5km 和 4.2km，淤积体的最大宽度略小于西人工岛。上述两个人工岛形成的淤积区主要是由岛对涨、落潮流的阻流作用产生，淤积带的方向与岛所在水域的潮流运动方向一致，这与数学模型预测的人工岛淤积分布形态是一致的。人工岛建设初期,岛体对周边海床产生的工程效应会相对较大,但随着工程周边水沙动力环境和滩槽格局的逐步适应,工程产生的水下地形冲淤速率会随时间逐渐减小。2011—2019 年 8 年间人工岛淤积体的实测年平均淤积速率约为 0.3m/a,数值模型预测工程建设后一年的最大淤积速率为 2.0m/a,该淤积速率会随着时间推移幅度逐步减小。总体而言,数学模型预测结果无论从淤积形态还是幅度上都与实际结果比较相符,这为工程运维阶段所采用的数学模型模拟精度和模型适用性都提供了良好的佐证。

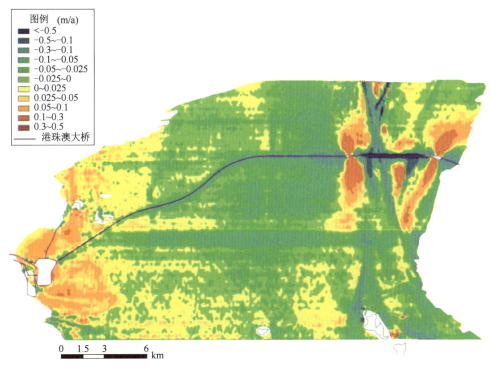

图 5.3-3　工程水域 2009—2019 年海床年平均冲淤速率分布情况

5.4　评估方法与应用

5.4.1　冲刷深度阈值

(1)西人工岛

根据港珠澳大桥工可阶段人工岛冲刷物理模型试验结果,表 5.4-1 统计了西人工岛岛桥结合段各桥墩最大的冲刷深度,结合西人工岛的物理模型试验结果可知:①在波流共同作用下,人工岛上下游部位会发生冲刷,但冲刷深度较小,一般都在2m以下,以2m作为人工岛冲刷阈值的下限;②在各种重现期条件下,岛桥结合段桥墩的冲刷相对较大,在100年高水位条件下,局部冲刷深度可以达到10.5m。对于冲刷阈值的上限,以距岛最近的3号墩冲刷作为标准,取100年高水位为模拟水情条件,冲刷阈值的上限取10.5m。

西人工岛桥结合部各桥墩最大冲刷深度统计   表5.4-1

编号	重现期（年）	水位（m）	水流		波浪			局部最大冲深(m) 桥墩			
			流速（m/s）	流向（°）	波向	波高（m）	周期（s）	3号	4号	5号	6号
1	1000高	4.19	2.00	3	—	—	—	13.2	11.6	10.5	10.2
2				3	SSW	4.36	11.10	14.1	12.9	10.9	10.3
3				3	S	4.49	11.10	13.8	12.6	11.6	10.3
4				3	SSE	4.54	11.10	13.4	12.5	11.5	10.5
5			—		S	4.49	11.10	2.1	1.6	1.5	1.5
6	100高	3.47	1.88	3	SSW	3.85	10.3	10.5	13.6	12.1	10.2
7				3	S	3.71	10.2	10.4	13.6	12.1	10.3
8				3	SSE	3.92	10.2	10.0	13.3	12.0	10.4
9	100低	-1.33	1.88	3	S	3.37	10.2	9.3	13.5	12.0	10.1
10	300低	-1.63	1.92	3	S	3.73	10.5	9.4	13.2	11.9	9.2

(2)东人工岛

表5.4-2统计了东人工岛岛桥结合段各桥墩最大的冲刷深度,结合东人工岛的物理模型试验结果可知:①同样在波流共同作用下,人工岛上、下游部位会发生局部冲刷,但冲刷深度较小,一般都在2m以下,这里仍以2m作为人工岛冲刷阈值的下限;②在各种重现期条件下,岛桥结合段桥墩的冲刷相对较大,在100年高水位条件下,4号桥墩的局部冲刷深度可以达到11.6m。对于冲刷阈值的上限,以距岛最近的4号墩冲刷作为标准,取100年高水位为模拟水情条件,冲刷阈值的上限取12.0m。

东人工岛桥结合部各桥墩最大冲刷深度统计　　　　表 5.4-2

编号	重现期（年）	水位（m）	水流		波浪			局部最大冲深(m)			
			流速（m/s）	流向（°）	波向	波高（m）	周期（s）	桥墩			
								4号	5号	6号	7号
1	1000 高	4.19	1.90	31	SSW	3.95	11.1	11.7	11.8	10.0	9.9
2				31	S	3.30	11.1	12.6	12.2	10.8	10.5
3			1.92	210	—	—	—	11.6	12.4	10.1	10.0
4	100 高	3.47	1.80	31	SSW	2.80	10.3	11.0	11.2	9.6	8.9
5				31	S	2.42	10.2	12.0	11.5	10.5	10.2
6			1.76	211	—	—	—	11.5	11.8	8.9	8.5
7	100 低	-1.33	1.80	31	SSW	2.59	10.3	9.4	11.0	10.0	8.7
8	300 低	-1.63	1.83	31	SSW	3.06	10.8	9.5	11.3	10.2	8.6

5.4.2　冲刷风险评估

港珠澳大桥人工岛通过在海床上深插钢圆筒的方式快速成岛，此与桥墩基础结构具有某些类似特征。人工岛基础冲刷引起岛基础周围的土体流失，形成冲刷坑，引起应力释放，导致基础在水平和竖直方向上的承载力大大降低，从而使桩基结构破坏，引发人工岛结构安全事故隐患。

参考桥墩基础承载力与冲刷坑的关系，以 2.0m 作为人工岛前部冲刷的阈值下限，岛桥结合部距岛最近的桥墩冲刷坑作为阈值上限，将基础承载力状态的分级评估分为 5 级，分别对应人工岛局部冲刷深度导致基础承载力的储备降为设计储备的 70%、40%、10% 和 0 以下。按照冲刷区土层基本均匀一致考虑，结合模型试验结果，对应的冲刷深度 $H = H_b$，$H = 0.6H_t$，$H = 0.9H_t$，$H = H_t$。表 5.4-3 列出了人工岛局部冲刷与基础承载力评价标准。

人工岛局部冲刷与基础承载力评价标准　　　　表 5.4-3

序号	冲刷后桩基承载力储备	冲刷深度(m)	损失等级
1	$R_{HC} > 70\% R_{CB}$	$H < H_b$	Ⅰ 轻微
2	$40\% R_{CB} < R_{HC} \leq 70\% R_{CB}$	$H_b \leq H < 0.6H_t$	Ⅱ 较大
3	$10\% R_{CB} < R_{HC} \leq 40\% R_{CB}$	$0.6H_t \leq H < 0.9H_t$	Ⅲ 严重
4	$0 < R_{HC} \leq 10\% R_{CB}$	$0.9H_t \leq H < H_t$	Ⅳ 很严重
5	$R_{HC} < 0$	$H > H_t$	Ⅴ 灾难性

注：H_b 为冲刷深度阈值的下限，H_t 为冲刷深度阈值的上限。

根据人工岛运行期基础冲刷影响承载力减小,影响到岛体安全运行,将人工岛的基础冲刷安全风险等级分为四级,并提出相应的预警级别和应对措施(表5.4-4)。

人工岛基础冲刷风险等级对应的预警级别及应对措施　　　　表5.4-4

风险等级	接受准则	预警等级	应对措施
一般风险-Ⅰ级	$H < H_b$	四级预警-Ⅳ级	注意监测
较大风险-Ⅱ级	$H_b \leq H < 0.6H_t$	三级预警-Ⅲ级	注意监测,采用一定防护措施
重大风险-Ⅲ级	$0.6H_t \leq H < 0.9H_t$	二级预警-Ⅱ级	采用工程保护措施,并进行海床防护
特大风险-Ⅳ级	$H > 0.9H_t$	一级预警-Ⅰ级	对人工岛护岸基础采取防护措施,对海床冲刷坑进行回填

基于工可阶段的物模试验结果,以2.0m作为人工岛前部冲刷深度的阈值下限,以岛桥结合部距岛最近的桥墩冲刷深度作为阈值上限,港珠澳东、西人工岛的基础冲刷安全风险等级对应的预警级别及应对措施见表5.4-5。当东西岛前端冲刷坑深度小于2.0m时,应对措施以注意监测为主;当西岛和东岛的冲刷坑分别达到6.3m和7.0m时,在加强监测的同时,应采用一定的防护措施;当西岛和东岛的冲刷坑分别达到9.5m和10.4m时,在采用一定的工程防护措施后,应对岛周边海床进行适当防护;而当西岛和东岛的冲刷坑分别超过9.5m和10.4m时,则应对人工岛护岸基础采取防护措施,并采取沙土或者块石对海床冲刷坑进行回填。

人工岛冲刷安全风险等级对应的预警级别及应对措施　　　　表5.4-5

风险等级	预警等级	人工岛风险接受准则		应对措施
		西人工岛	东人工岛	
一般风险-Ⅰ级	四级预警-Ⅳ级	$H < 2.0m$	$H < 2.0m$	注意监测
较大风险-Ⅱ级	三级预警-Ⅲ级	$2.0m \leq H < 6.3m$	$2.0m \leq H < 7.0m$	注意监测,采用一定防护措施
重大风险-Ⅲ级	二级预警-Ⅱ级	$6.3m \leq H < 9.5m$	$7.0m \leq H < 10.4m$	采用工程保护措施,并进行海床防护
特大风险-Ⅳ级	一级预警-Ⅰ级	$H \geq 9.5m$	$H \geq 10.4m$	对人工岛护岸基础采取防护措施,对海床冲刷坑进行回填

5.5 本章小结

通过平面二维潮流悬沙数值模型模拟港珠澳大桥人工岛建成后对其附近水域地形冲淤变化的影响。在工程建设前，通过水沙资料和试挖槽实测地形资料对模型进行了很好的验证，在此基础上预测了人工岛工程建设后的地形冲淤演变，为工程建设决策提供了相关依据。采用工程建设10年前后的实测水下地形冲淤变化情况对设计阶段数学模型的预测结果进行了检验，人工岛建设引起的海床冲淤变化趋势与数学模型预测结果基本一致，这为工程设计阶段所采用的数学模型模拟精度和模型适用性提供了良好的佐证，也为该数学模型能为类似跨海通道工程在水沙运动和水下滩槽演变预测方面的应用提供了有力证明。

根据港珠澳大桥工可阶段人工岛冲刷物理模型试验结果，取100年高水位为模拟水情条件，西人工岛的冲刷阈值上限为10.5m，东人工岛的冲刷阈值上限为12.0m。参考桥墩基础承载力与冲刷坑的关系，制定了东、西人工岛冲刷的分级标准。

本章参考文献

[1] 张聪伟.曹妃甸近海人工岛海床边坡稳定性分析[D].天津：河北工业大学，2018.

[2] 张云飞.海南人工岛对近岸环境影响遥感监测分析[D].赣州：江西理工大学，2019.

[3] 李汉英，张红玉，王霞，等.海洋工程对砂质海岸演变的影响——以海南万宁日月湾人工岛为例[J].海洋环境科学，2019，38(4)：7.

[4] 陈亮鸿，林国尧，龚文平.岬湾海岸中人工岛建设对岬角涡旋及海湾地形冲淤的影响——以海南岛铺前湾为例[J].海洋学报，2019，41(1)：10.

[5] 林雪萍.离岸人工岛对沙质海岸岸滩演变影响研究[D].青岛：自然资源部第一海洋研究所，2017.

[6] 黄泽宪.泉州湾秀涂人工岛建设对周边水沙条件的影响[J].水运工程,2019(12):7.

[7] 李松喆.人工岛对沙质海岸动力泥沙环境及岸滩冲淤演变的影响研究[J].海洋工程,2021,39(4):10.

[8] 郑阳.人工岛方案对深圳湾水环境影响的数值模拟[D].北京:清华大学,2017.

[9] 盛天航,孙冬梅,张杨.人工岛工程对河口行洪冲淤的影响分析[J].水道港口,2016,37(1):9.

[10] 刘星池,王永学,陈静.人工岛群分阶段建设对附近水沙环境影响的数值研究[J].海洋通报,2017,36(3):9.

[11] 张刚,彭修强,张晓飞,等.如东阳光岛建设对周边海域地形地貌的影响分析[J].海洋学报,2019,41(1):13.

[12] 王艳红.三亚新机场人工岛对红塘湾岸滩的影响研究[C]//第十八届中国海洋(岸)工程学术讨论会.第十八届中国海洋(岸)工程学术讨论会论文集(下).北京:海洋出版社,2017.

[13] 何杰,辛文杰,贾雨少.港珠澳大桥对珠江口水域水动力影响的数值模拟[J].水利水运工程学报,2012(2):7.

[14] 何杰,辛文杰.港珠澳大桥沉管隧道基槽异常回淤分析与数值模拟[J].水科学进展,2019,30(6):11.

[15] 何杰,高正荣,辛文杰.港珠澳大桥沉管隧道合拢口水动力条件数值模拟研究[J].四川大学学报(工程科学版),2019,051(006):68-74.

[16] Roe P L. Approximate riemann solvers, parameter vectors, and difference schemes[J]. Journal of Computational Physics, 1981, 43(2), 357-372.

[17] 何杰,辛文杰.含有紊动黏性项浅水方程的数值求解[J].水利水运工程学报,2010(3):6.

[18] Hubbard M E, Garcia-Navarro P. Flux difference splitting and the balancing of source terms and flux gradients[J]. Journal of Computational Physics, 2000, 165(1): 89-125.

第 6 章

岛桥段波流力仿真与评估

岛桥段波流力是影响岛桥结合段桥梁底板稳定的一个重要因素。本章通过试验室开展的物理模型试验,结合港珠澳大桥西人工岛岛桥结合段波流力现场监测数据,给出了岛桥段桥梁底板所受的分力和总力。根据桥梁结构形式,给出了岛桥段波流力的阈值和分级标准。该项研究成果可为岛桥结合段桥梁的结构安全评定提供技术支撑。

6.1 概述

港珠澳大桥人工岛(特别是西人工岛)处于远离大陆20km以上的海域,该地区为标准的海洋性气候,每年平均遭受约3次台风,冬季易受寒潮影响,所处的海洋环境非常复杂和恶劣。与国内众多跨海桥梁的结构相似,港珠澳大桥的桥梁主体采用箱梁上部结构。相比近岸浅水区的非通航孔桥、江海直达船航道桥和深水区非通航孔桥,西人工岛岛桥结合部的非通航孔桥更深入外海且桥梁上部结构高程更低,同时又由于人工岛周围复杂的地形条件,使其所处的水动力环境十分复杂,尤其是极端天气的发生严重威胁着该部位桥梁的正常使用和结构安全。因此,对港珠澳大桥西人工岛以及岛桥结合段周围的水动力环境的研究具有非常重要的工程意义。陈虎成等以波浪荷载和耐久性为出发点,对港珠澳大桥西人工岛结合部的非通航孔桥进行了多方面的创新设计。周益人等通过波浪断面物理模型试验,研究了人工岛护岸块体形式、消浪平台尺寸以及挡浪墙前护肩宽度等结构参数对越浪量的影响。叶军等针对港珠澳大桥东、西人工岛遭受气象潮和风暴潮影响形成的防洪排涝形势,采用越浪泵房、排水沟和排水箱涵的方式制定了防排结合的排涝体系。杨氾和王红川等分别从数值模拟中不利台风路径选取和设计波要素校核方法两方面研究了考虑极端天气时港珠澳大桥人工岛的设计波浪要素。数值计算手段具有能够详细反映结构周围水动力环境特性的优点。

港珠澳大桥与西人工岛结合跨采用箱梁与人工岛搭接的方式实现由岛至桥的连接。由于箱梁下净空有限,在超强台风等极端天气条件下,波浪可能对箱梁底部形成冲击,造成梁体的滑移。为保障港珠澳大桥安全,对岛桥结合跨的箱梁波浪力进行研究,确定其所受波浪力大小是十分必要的。近几十年来,各国学者对桥梁梁体或码头面板受力开展了大量研究,建立了波浪上托力和水平力的经验公式,目前被广泛采用的公式之一为 Douglass 公式,该方法也被美国规范所采用,之后又有学者对该公式进行了改进。但现有的计算公式几乎均是针对普通跨,并未见针对岛桥结合跨梁体受力的研究成果。由于受人工岛影响,波浪在岛桥结合段势必发生明显变形与破碎,同时受梁体与人工岛搭接段空间封闭的影响,空气受压缩,形成对梁体的气垫层,因此,岛桥结合跨的梁体受力与普通跨存在一定差别。

通过三维物理模型系列试验,对西人工岛岛桥结合段进行模拟,考虑波浪在人工岛前的传播变形以及岛桥结合跨封闭空间的影响,测量不同波浪入射角度、波高、波周期以及底部超高等影响因子下箱梁所受的水平力和上托力,分析岛桥结合跨箱梁受力随上述各影响因子的变化特征与规律,提出岛桥结合跨箱梁水平力和上托力的计算方法。

6.2 物理模型试验

6.2.1 试验仪器和设备

试验在南京水利科学研究院波浪港池中进行,见图 6.2-1。试验港池长 40m、宽 30m、深 1.0m,并配有南京水利科学研究院生产的推板式可移动造波机,由计算机自动控制产生所要求的规则波和不同谱型的不规则波,同时可通过移动造波机,生成不同入射角度的波浪。港池两端均设有消浪设施,以消除及减少反射波。

图 6.2-1　波浪试验港池

波压力测量采用2000型多功能监测系统测量，它是由计算机、多功能监测仪和各种传感器组成的数据采集与处理系统。各传感器通过多芯屏蔽线，连接到多功能监测仪的通道接口上。波压力传感器和采集系统见图6.2-2。

图6.2-2　波压力传感器和采集仪

波浪垂向总力（上托力）和水平总力测量采用S形拉压传感器，传感器材质为合金钢，量程包括±30kg、±10kg、±5kg和±1kg共4个等级，测量精度为0.5%F.S（常温）。总力传感器和采集仪见图6.2-3。

图6.2-3　总力传感器和采集仪

波高的测量采用电容式波高仪（图6.2-4），其稳定性好，受水温变化的影响小。电容介质采用聚四氟乙烯，其对水的附着力小，当水位波动较快时，不会产生附着水从而影响波高的测量精度。采用DS30型64通道浪高仪系统进行数据采集，其最小采样时间间隔为0.0025s，量程为60cm，分辨率为0.03cm。

图 6.2-4　浪高传感器和采集系统

6.2.2　模型设计

（1）模型比尺

试验遵照《水运工程模拟试验技术规范》（JTS/T 231—2021）相关规定，采用正态模型，按照 Froude 数相似律设计。根据试验内容、设计水位、波浪要素、试验断面及试验设备条件等因素，模型几何比尺为 55，各物理量比尺如下：

几何比尺：$L_r = 55$；

时间比尺：$T_r = L_r^{1/2}$；

单宽流量比尺：$Q_r = L_r^{3/2}$；

波压力比尺：$p_r = L_r$；

波浪总力比尺：$P_r = L_r^3$。

试验模拟三种不同波浪入射角度下岛桥结合跨箱梁受力。即入射波向与桥轴线夹角 45°，对应于 SW 向波浪作用；入射波向与桥轴线夹角 67.5°，对应于 SSW 向波浪作用；入射波向与桥轴线夹角 90°，对应于 S 向波浪作用。

试验分为规则波和不规则波。

规则波组次共 72 组。考虑 3 种入射波向，波浪入射角，即波浪入射方向与桥轴线夹角，分别取为 90°、67.5° 和 45°。人工岛前水深变化包括 12.92m、11.82m 和 11.47m；波高的变化范围为 2.00～4.85m；波周期分别为 7.60s、8.10s、9.24s 和

9.58s。

不规则波试验组次为18组。波浪入射角变化为3组,即90°、67.5°和45°。人工岛前水深变化包括12.92m、11.82m和11.47m;有效波高分别为4.85m和4.51m;对应的平均波周期分别为9.58s和9.24s。

(2)波浪模拟

波浪按重力相似准则模拟,不规则波波谱采用JONSWAP谱,谱密度函数为:

$$S(f) = \frac{\alpha g^2}{(2\pi)^4} \frac{1}{f^5} \exp\left[-1.25\left(\frac{f_p}{f}\right)^4\right] \cdot r^{\exp\left[-\frac{(f-f_p)^2}{2\sigma^2 f_p^2}\right]} \quad (6.2\text{-}1)$$

式中:α——无因次常数;

f_p——谱峰频率;

r——谱峰升高因子,取3.3;

σ——峰形参数量,$f \leq f_p$ 时,$\sigma = 0.07$,$f > f_p$ 时,$\sigma = 0.09$。

将按模型比尺换算后的特征波要素输入计算机,产生造波信号,控制造波机产生相应的不规则波序列。每组试验不规则波波数大于150个,每组试验重复3次。模型试验中波高和周期模拟值与设计值误差控制在±2%以内。以波浪入射角度90°为例,模型试验中波高和周期模拟值与设计值的对比如表6.2-1和表6.2-2所示。由表可知,模型试验中波高模拟值与设计值的最大误差为1.8%,波周期模拟值与设计值的最大误差为0.8%。

波高和波周期模拟值与设计值误差分析(规则波) 表6.2-1

组次序号	$\overline{H}$(m)			$\overline{T}$(s)		
	设计值	模拟值	误差	设计值	模拟值	误差
1-1G	4.85	4.93	1.6%	9.58	9.58	0.0
1-2G	4	4.07	1.8%	9.58	9.54	0.4%
1-3G	3.28	3.26	0.6%	9.58	9.54	0.4%
1-4G	2	1.98	1.0%	9.58	9.54	0.4%
1-5G	4.51	4.57	1.3%	9.24	9.29	0.5%
1-6G	3.04	3.08	1.3%	9.24	9.23	0.1%
1-7G	3.28	3.26	0.6%	8.1	8.08	0.2%
1-8G	3.28	3.25	0.9%	7.6	7.63	0.4%

波高和波周期试验值与设计值误差分析(不规则波) 表6.2-2

组次序号		$H_{1\%}$(m)	$H_{4\%}$(m)	$H_{5\%}$(m)	$H_{13\%}$(m)	$\overline{H}$(m)	$\overline{T}$(s)
1-1B	设计值	6.56	5.74	5.59	4.85	3.28	9.58
	模拟值	6.44	5.64	5.50	4.81	3.27	9.52
	误差	1.8%	1.7%	1.6%	0.8%	0.3%	0.6%
1-2B	设计值	6.13	5.36	5.21	4.51	3.04	9.24
	模拟值	6.21	5.29	5.16	4.47	3.02	9.17
	误差	1.3%	1.3%	1.0%	0.9%	0.7%	0.8%

(3)试验断面模拟

模型中试验断面、建筑物等与原型保持几何相似,各结构部分均按比尺缩小后进行制作,模型误差不超过1mm。迎浪面护面扭工字块体除保持几何相似外,还保持重量相似。护底块石均经严格挑选,保持重量相似。

模型平面尺寸与建筑物等满足几何长度比尺。建筑物高程偏差控制在±1%以内,符合《水运工程模拟试验技术规范》(JTS/T 231—2021)的规定。

6.2.3 试验方法和过程

首先按照波浪模拟的要求进行波浪要素率定,然后再按照西人工岛和岛桥结合部设计图构建试验模型,检查无误后开始试验。试验前,先用小波进行,以使堤身密实,然后再进行试验。

进行总力测量时,将箱梁整体吊起,保持箱梁与桥墩和桥台的缝隙在1mm左右,保证箱梁在波浪作用下除和总力传感器接触外不受其他外力作用。总力传感器用铁架和金属螺杆固定住。总力传感器采样频率为125Hz。每次试验至少重复三次,取三次平均值作为试验结果。若三次重复试验的试验结果差别较大时,则增加重复次数。总力传感器安装示意图见图6.2-5。由图可知,在垂向和水平各安装3个总力传感器。其中1~3号传感器测量垂向受力,即垂向力,4~6号传感器测量水平向受力,即水平力。

试验分别模拟了S向、SSW向和SW向入射波浪,不同波高、周期和水位条件下西人工岛岛桥结合部箱梁所受的总力。其中,图6.2-6~图6.2-8分别为S向、SSW向、SW向波浪入射情况下300年一遇高水位、100年一遇高水位时波浪与箱梁和西人工岛的作用过程。

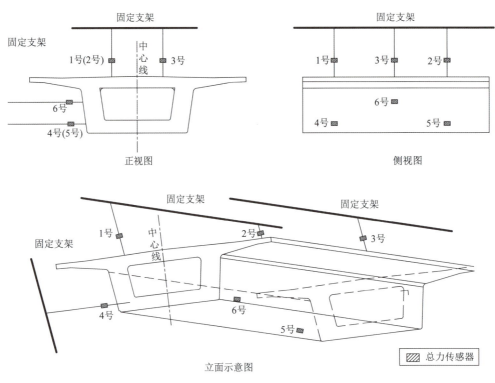

图 6.2-5　总力传感器安装示意图

a)300年一遇高水位

b)100年一遇高水位

图 6.2-6　S 向波浪作用瞬间

a)300年一遇高水位

b)100年一遇高水位

图 6.2-7　SSW 向波浪作用瞬间

a)300年一遇高水位　　　　　　　b)100年一遇高水位

图 6.2-8　SW 向波浪作用瞬间

300年一遇高水位时,由于水位较高、波浪较大,水体可形成对箱梁的冲击,桥面上存在上水。100年一遇水位时,波浪对箱梁的冲击作用减弱,仅在箱梁与桥台搭接处发生明显的冲击,桥面无上水现象。

6.3　成果分析

6.3.1　规则波

1)垂向总力和水平总力的时域变化特性

(1)垂向总力

图6.3-1为梁底超高较小时箱梁垂向总力随时间的变化过程。由图可见,垂向总力呈周期性变化,由初期上升较快的冲击力部分,变为其后缓慢变化的总力部分,并在尾部存在一段负向力。各周期的总力类型基本一致。

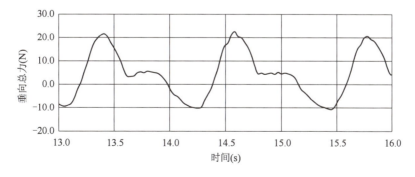

图 6.3-1　规则波垂向总力随时间的变化过程

图 6.3-2 为梁底超高较大时不同时刻垂向总力的变化过程。由图可知,垂向总力呈周期性变化,仍由初期上升较快的冲击力部分,变为其后缓慢变化的总力部分,并在尾部存在一段负向力。

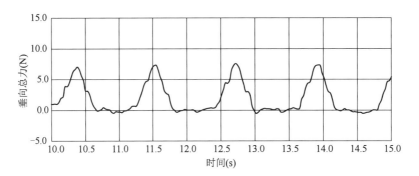

图 6.3-2　梁底超高较大时垂向总力变化

对比图 6.3-1 和图 6.3-2 可知,同样波况条件下,梁底超高对垂向总力过程存在一定影响。当箱梁相对超高较大时,缓变总力部分和负向力已不太明显,压力变化主要为冲击力,冲击部分总力和负向力的最大值均小于超高较小的情况。

(2)水平总力

图 6.3-3 为梁底超高较小时箱梁水平总力随时间的变化过程。由图可知,水平总力随时间呈周期性变化,在尾部仍出现负向总力。与垂向总力不同,水平总力过程中瞬时冲击部分和缓慢变化部分区分并不明显。

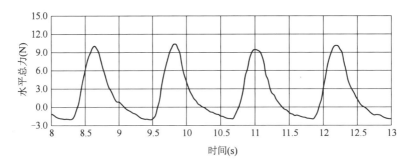

图 6.3-3　梁底超高较小时水平总力变化

图 6.3-4 为梁底超高较大时不同时刻水平总力的变化过程。由图可知,水平总力呈周期性变化,仍由初期上升较快的冲击力部分,变为其后缓慢变化的总力部分,并在尾部存在一段负向力。但冲击力部分和缓变总力部分区别并不明显,同时负向力部分量值一般较小。

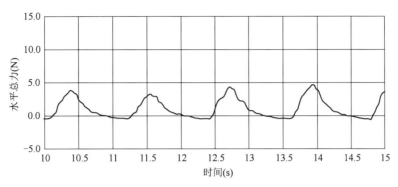

图 6.3-4　梁底超高较大时水平总力变化

对比图 6.3-3 和图 6.3-4 可知,同样波况条件下,梁底超高对水平总力作用过程也存在一定影响。梁底超高的增加使得冲击部分总力和负向力的最大值均减小。尤其是负向力部分,当超高较大时基本趋于 0。

2) 重复性验证及数据选取

由于箱梁下波浪运动的复杂性以及冲击总力常常存在偶发现象,试验中首先对总力测量结果的重复性进行讨论,以确定试验值的取值方法和成果的可靠程度。以下分别就垂向总力(即上托力)和水平总力进行讨论。

(1) 垂向总力

表 6.3-1 为不同波况和超高情况下重复试验的垂向总力比较。表中的峰值编号对应 13 个波的垂向总力峰值。由表 6.3-1 可见,对于大部分试验而言,垂向总力随时间的变化过程并不完全一致,每一周期内总力峰值存在一定差异,但所统计到的 13 个波的峰值平均值却比较稳定,相差都在 5% 以内。

规则波垂向总力重复性试验结果对比　　　表 6.3-1

峰值编号	试验组次			
	试验组次 2-3G		试验组次 2-5G	
	第1组(N)	第2组(N)	第1组(N)	第2组(N)
1	18.0	19.0	22.6	21.7
2	17.7	18.8	22.1	21.5
3	17.3	17.8	22.1	21
4	17.2	17.7	21.8	20.6
5	17.1	17.6	21.6	20.5
6	17.0	17.4	21.5	20.4
7	16.9	17.2	20.6	20.4

续上表

峰值编号	试验组次			
	试验组次 2-3G		试验组次 2-5G	
	第1组(N)	第2组(N)	第1组(N)	第2组(N)
8	16.6	17.1	20.6	19.5
9	16.5	17.1	20.5	19.2
10	16.5	17.0	20.4	19.1
11	16.3	16.4	20.3	18.9
12	15.9	16.2	19.3	18.8
13	15.8	15.7	18	18.6
最大值	18.0	19.0	22.6	21.7
1/3 峰值	17.6	18.6	22.2	21.2
平均峰值	16.8	17.4	20.7	20.0

因此本书以下对规则波垂向总力的研究,首先将垂向总力峰值的平均值作为特征总力进行分析,在此基础上进一步对垂向总力峰值的最大值进行分析,分别得到垂向总力特征值和最大值的计算公式。

(2)水平总力

表 6.3-2 为不同波况和超高情况下重复试验的水平总力比较。表中的峰值编号对应 13 个波的总力峰值。由表 6.3-2 可见,与垂向总力类似,对于大部分试验而言,水平向总力随时间的变化过程并不完全一致,每一周期内总力峰值的大小存在差异,但所统计到的 13 个波的峰值平均值却比较稳定。

规则波水平总力重复性试验结果对比　　　　　表 6.3-2

峰值编号	试验组次			
	试验组次 1		试验组次 2	
	第1次(N)	第2次(N)	第1次(N)	第2次(N)
1	5.7	5.8	11.7	11.6
2	5.7	5.8	11.5	11.2
3	5.5	5.7	11.2	11.1
4	5.4	5.6	10.9	10.8
5	5.4	5.5	10.7	10.7
6	5.3	5.5	10.1	10.4
7	5.3	5.5	10.0	9.5

续上表

峰值编号	试验组次			
	试验组次1		试验组次2	
	第1次(N)	第2次(N)	第1次(N)	第2次(N)
8	5.2	5.4	9.9	9.5
9	5.1	5.3	9.6	9.5
10	5.0	5.3	9.4	9.4
11	5.0	5.1	9.1	9.2
12	4.9	4.9	8.9	8.8
13	4.9	4.5	8.7	8.5
最大值	5.8	5.9	11.7	11.6
1/3峰值	5.6	5.8	11.4	11.2
平均峰值	5.4	5.4	10.7	10.7

因此，与垂向总力一致，本书以下对规则波水平总力的研究，首先将水平总力峰值的平均值作为特征总力进行分析，在此基础上进一步对水平总力峰值的最大值进行分析，分别得到水平总力特征值和最大值的计算公式。

3) 特征总力影响因子分析

影响箱梁特征总力的因素包括波高、周期、波浪入射角（波浪入射方向与桥轴线间夹角）以及水面以上箱梁的净空高度等。为研究总力随上述各因素的变化规律，对本次试验中的规则波组次进行分析。分析过程中均采用无量纲相对特征总力 $\dfrac{F}{\gamma \cdot H \cdot a \cdot b}$、波陡 $\dfrac{H}{L}$、相对净空高度 $\dfrac{\eta_{\max} - \Delta h}{H}$ 以及波浪入射角 $\sin\theta$（或 $\cos\theta$）。其中，F_V 为箱梁垂向总力；F_H 为箱梁水平总力；H 为波高；L 为波长；$\eta_{\max}$ 为波峰在静水面以上的高度；Δh 为桥跨中心梁底与静水面之间的净空高度，淹没时为负；γ 为水的重度；a 为桥跨长度；b 为箱梁宽度；c 为箱梁高度。

(1) 垂向特征总力

① 波陡影响。

图 6.3-5 为试验中测得的箱梁垂向特征总力随波陡的变化，纵坐标为垂向相对特征总力 $\dfrac{F_V}{\gamma \cdot H \cdot a \cdot b}$，横坐标为波陡 $\dfrac{H}{L}$。

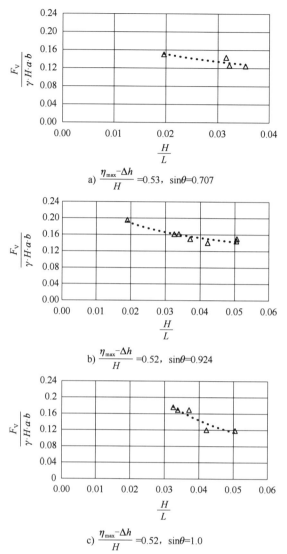

图 6.3-5 垂向相对特征总力随波陡的变化

由图 6.3-5 可知,在相对净空高度 $\dfrac{\eta_{max}-\Delta h}{H}$ 和波浪入射角 $\sin\theta$ 一致的条件下,垂向相对特征总力 $\dfrac{F_v}{\gamma \cdot H \cdot a \cdot b}$ 随波陡 $\dfrac{H}{L}$ 的增大而减小,两者之间近似呈幂函数关系。以图 6.3-5a)为例,在保持相对净空高度 $\dfrac{\eta_{max}-\Delta h}{H}=0.53$ 和波浪入射角度 $\sin\theta=0.707$ 条件下,在波陡 $\dfrac{H}{L}=0.02$ 时,相对特征总力 $\dfrac{F_v}{\gamma \cdot H \cdot a \cdot b}=0.151$;当波陡 $\dfrac{H}{L}=0.032$ 时,垂向相对特征总力 $\dfrac{F_v}{\gamma \cdot H \cdot a \cdot b}=0.126$;随着波陡 $\dfrac{H}{L}$

进一步增大,当波陡 $\frac{H}{L}=0.035$ 时,垂向相对特征总力 $\frac{F_V}{\gamma \cdot H \cdot a \cdot b}$ 进一步减小至 0.125,变化幅度趋于平缓。经数据拟合,两者之近似呈幂函数关系,且相关性较好。

图 6.3-5b) 和 c) 中两者之间的变化规律与图 6.3-5a) 一致。

② 净空高度影响。

图 6.3-6 为试验中测得的箱梁垂向特征总力随相对净空高度的变化,纵坐标为垂向相对特征总力 $\frac{F_V}{\gamma \cdot H \cdot a \cdot b}$,横坐标为相对净空高度 $\frac{\eta_{max}-\Delta h}{H}$。

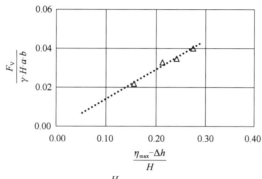

a) $\frac{H}{L}=0.04$,$\sin\theta=0.707$

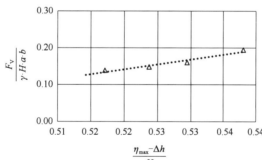

b) $\frac{H}{L}=0.033$,$\sin\theta=0.924$

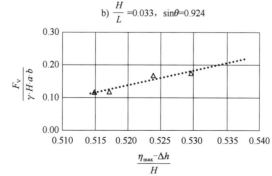

c) $\frac{H}{L}=0.041$,$\sin\theta=1.0$

图 6.3-6 垂向相对特征总力随相对净空高度的变化

由图 6.3-6 可知,在波陡 $\dfrac{H}{L}$ 和波浪入射角 $\sin\theta$ 一致的条件下,垂向相对特征总力 $\dfrac{F_V}{\gamma \cdot H \cdot a \cdot b}$ 随相对净空高度的增大而增大,两者之间近似呈线性关系。以图 6.3-6a)为例,在保持波陡 $\dfrac{H}{L}=0.04$ 和波浪入射角度 $\sin\theta = 0.707$ 条件下,垂向相对特征总力 $\dfrac{F_V}{\gamma \cdot H \cdot a \cdot b}$ 随相对净空高度 $\dfrac{\eta_{\max}-\Delta h}{H}$ 的增大呈线性比例增大。在相对净空高度 $\dfrac{\eta_{\max}-\Delta h}{H}=0.16$ 时,垂向相对特征总力 $\dfrac{F_V}{\gamma \cdot H \cdot a \cdot b}=0.022$;当相对净空高度 $\dfrac{\eta_{\max}-\Delta h}{H}=0.24$ 时,垂向相对特征总力 $\dfrac{F_V}{\gamma \cdot H \cdot a \cdot b}=0.035$;当相对净空高度 $\dfrac{\eta_{\max}-\Delta h}{H}$ 进一步增大至 0.28 时,垂向相对特征总力 $\dfrac{F_V}{\gamma \cdot H \cdot a \cdot b}=0.04$。

图 6.3-6b)和 c)中两者之间的变化规律与图 6.3-6a)一致。

③波浪入射角度影响。

图 6.3-7 为试验中测得的垂向特征总力随波浪入射角度的变化,纵坐标为垂向相对特征总力 $\dfrac{F_V}{\gamma \cdot H \cdot a \cdot b}$,横坐标为波浪入射角度 $\left(1+\dfrac{L}{b}\sin\theta\right)$。

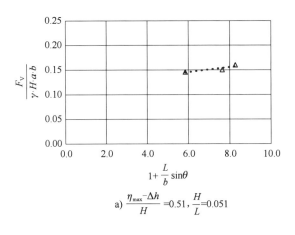

a) $\dfrac{\eta_{\max}-\Delta h}{H}=0.51$,$\dfrac{H}{L}=0.051$

图 6.3-7

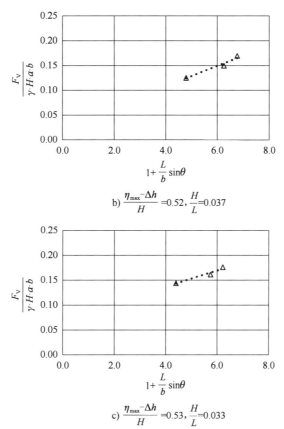

b) $\frac{\eta_{max}-\Delta h}{H}=0.52, \frac{H}{L}=0.037$

c) $\frac{\eta_{max}-\Delta h}{H}=0.53, \frac{H}{L}=0.033$

图 6.3-7　垂直相对特征总力随波浪入射角度的变化

由图 6.3-7 可知，在相对净空高度 $\frac{\eta_{max}-\Delta h}{H}$ 和波陡 $\frac{H}{L}$ 一致的条件下，垂向相对特征总力 $\frac{F_V}{\gamma \cdot H \cdot a \cdot b}$ 随波浪入射角度 $\left(1+\frac{L}{b}\sin\theta\right)$ 的增大而增大，两者之间近似呈幂函数关系。以图 6.3-7a) 为例，在保持相对净空高度 $\frac{\eta_{max}-\Delta h}{H}=0.51$ 和波陡 $\frac{H}{L}=0.051$ 条件下，垂向相对特征总力 $\frac{F_V}{\gamma \cdot H \cdot a \cdot b}$ 随波浪入射角度 $\left(1+\frac{L}{b}\sin\theta\right)$ 的增大而增大。在波浪入射角度 $\left(1+\frac{L}{b}\sin\theta\right)=5.85$ 时，垂向相对特征总力 $\frac{F_V}{\gamma \cdot H \cdot a \cdot b}=0.146$，当波浪入射角度 $\left(1+\frac{L}{b}\sin\theta\right)=7.64$ 时，垂向相对特征总力 $\frac{F_V}{\gamma \cdot H \cdot a \cdot b}=0.150$，随着波浪入射角度 $\left(1+\frac{L}{b}\sin\theta\right)$ 进一步增大至 8.27 时，垂向相对特征总力 $\frac{F_V}{\gamma \cdot H \cdot a \cdot b}=0.160$。

图 6.3-7b) 和 c) 中两者之间的变化规律与图 6.3-7a) 一致。

(2) 水平特征总力

① 波陡影响。

图 6.3-8 为试验中测得的箱梁水平特征总力随波陡的变化,纵坐标为水平相对特征总力 $\dfrac{F_H}{\gamma \cdot H \cdot a \cdot c}$,横坐标为波陡 $\dfrac{H}{L}$。

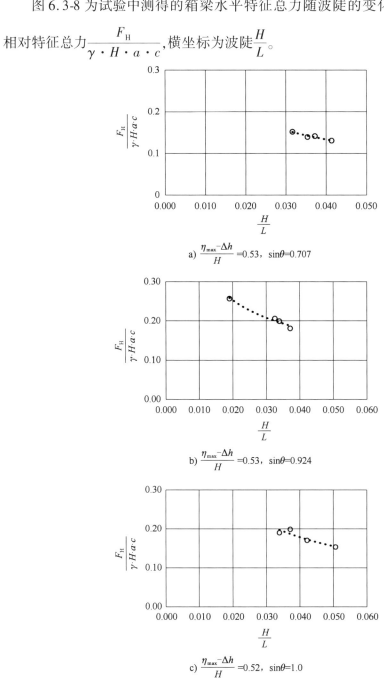

a) $\dfrac{\eta_{max}-\Delta h}{H}=0.53$,$\sin\theta=0.707$

b) $\dfrac{\eta_{max}-\Delta h}{H}=0.53$,$\sin\theta=0.924$

c) $\dfrac{\eta_{max}-\Delta h}{H}=0.52$,$\sin\theta=1.0$

图 6.3-8 水平相对特征总力随波陡的变化

由图 6.3-8 可知，在相对净空高度 $\dfrac{\eta_{\max}-\Delta h}{H}$ 和波浪入射角 $\sin\theta$ 一致的条件下，水平相对特征总力 $\dfrac{F_H}{\gamma\cdot H\cdot a\cdot c}$ 随波陡 $\dfrac{H}{L}$ 的增大而减小，两者之间近似呈幂函数关系。以图 6.3-8a) 为例，在保持相对净空高度 $\dfrac{\eta_{\max}-\Delta h}{H}=0.53$ 和波浪入射角度 $\sin\theta=0.707$ 条件下，水平相对特征总力 $\dfrac{F_H}{\gamma\cdot H\cdot a\cdot c}$ 随波陡 $\dfrac{H}{L}$ 的增大而减小。在波陡 $\dfrac{H}{L}=0.032$ 时，水平相对特征总力 $\dfrac{F_H}{\gamma\cdot H\cdot a\cdot c}=0.15$；当波陡 $\dfrac{H}{L}=0.035$ 时，水平相对特征总力 $\dfrac{F_H}{\gamma\cdot H\cdot a\cdot c}=0.14$；随着波陡 $\dfrac{H}{L}$ 进一步增大，当波陡 $\dfrac{H}{L}=0.041$ 时，水平相对特征总力 $\dfrac{F_H}{\gamma\cdot H\cdot a\cdot c}$ 进一步减小至 0.13，变化幅度趋于平缓。

图 6.3-8b) 和 c) 中两者之间的变化规律与图 6.3-8a) 一致。

②净空高度影响。

图 6.3-9 为试验中测得的箱梁水平特征总力随净空高度的变化，纵坐标为水平相对特征总力 $\dfrac{F_H}{\gamma\cdot H\cdot a\cdot c}$，横坐标为相对净空高度 $\dfrac{\eta_{\max}-\Delta h}{H}$。

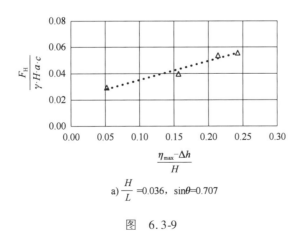

a) $\dfrac{H}{L}=0.036$，$\sin\theta=0.707$

图 6.3-9

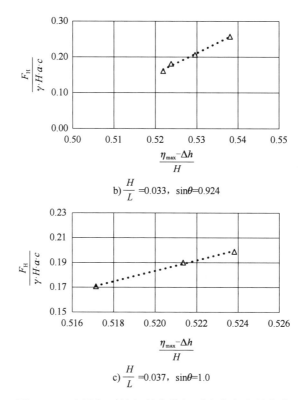

b) $\dfrac{H}{L}=0.033$,$\sin\theta=0.924$

c) $\dfrac{H}{L}=0.037$,$\sin\theta=1.0$

图 6.3-9　水平相对特征总力随相对净空高度的变化

由图 6.3-9 可知,在波陡 $\dfrac{H}{L}$ 和波浪入射角 $\sin\theta$ 一致的条件下,水平相对特征总力 $\dfrac{F_H}{\gamma \cdot H \cdot a \cdot c}$ 随相对净空高度 $\dfrac{\eta_{\max}-\Delta h}{H}$ 的增大而增大,两者之间呈线性关系。以图 6.3-9a)为例,在保持波陡 $\dfrac{H}{L}=0.036$ 和波浪入射角度 $\sin\theta=0.707$ 条件下,水平相对特征总力 $\dfrac{F_H}{\gamma \cdot H \cdot a \cdot c}$ 随相对净空高度 $\dfrac{\eta_{\max}-\Delta h}{H}$ 的增大而增大。在相对净空高度 $\dfrac{\eta_{\max}-\Delta h}{H}=0.05$ 时,水平相对特征总力 $\dfrac{F_H}{\gamma \cdot H \cdot a \cdot c}=0.03$;当相对净空高度 $\dfrac{\eta_{\max}-\Delta h}{H}=0.16$ 时,水平相对特征总力 $\dfrac{F_H}{\gamma \cdot H \cdot a \cdot c}=0.04$;随着相对净空高度进一步增大,当相对净空高度 $\dfrac{\eta_{\max}-\Delta h}{H}=0.24$ 时,水平相对特征总力 $\dfrac{F_H}{\gamma \cdot H \cdot a \cdot c}=0.06$。经数据拟合,两者之间近似呈线性相关,且相关性较好。

图 6.3-9b) 和 c) 中两者之间的变化规律与图 6.3-9a) 一致。

③波浪入射角度影响。

图 6.3-10 为试验中测得的水平特征总力随波浪入射角度的变化，纵坐标为水平相对特征总力 $\dfrac{F_H}{\gamma \cdot H \cdot a \cdot c}$，横坐标为波浪入射角度 $\left(1 + \dfrac{a}{L}\cos\theta\right)$。

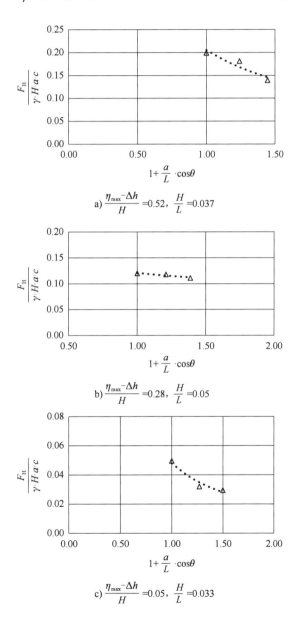

a) $\dfrac{\eta_{max}-\Delta h}{H}=0.52$，$\dfrac{H}{L}=0.037$

b) $\dfrac{\eta_{max}-\Delta h}{H}=0.28$，$\dfrac{H}{L}=0.05$

c) $\dfrac{\eta_{max}-\Delta h}{H}=0.05$，$\dfrac{H}{L}=0.033$

图 6.3-10　水平相对特征总力随波浪入射角度的变化

由图 6.3-10 可知,在相对净空高度 $\dfrac{\eta_{\max}-\Delta h}{H}$ 和波陡 $\dfrac{H}{L}$ 一致的条件下,水平相对特征总力 $\dfrac{F_{\mathrm{H}}}{\gamma\cdot H\cdot a\cdot c}$ 随波浪入射角度 $\left(1+\dfrac{a}{L}\cos\theta\right)$ 的增大而减小,两者之间近似呈幂函数关系。以图 6.3-10a)为例,在保持相对净空高度 $\dfrac{\eta_{\max}-\Delta h}{H}=0.52$ 和波陡 $\dfrac{H}{L}=0.037$ 条件下,水平相对特征总力 $\dfrac{F_{\mathrm{H}}}{\gamma\cdot H\cdot a\cdot c}$ 随波浪入射角度 $\left(1+\dfrac{a}{L}\cos\theta\right)$ 的增大而减小。在波浪入射角度 $\left(1+\dfrac{a}{L}\cos\theta\right)=1.0$ 时,水平相对特征总力 $\dfrac{F_{\mathrm{H}}}{\gamma\cdot H\cdot a\cdot c}=0.20$;当波浪入射角度 $\left(1+\dfrac{a}{L}\cos\theta\right)=1.24$ 时,水平相对特征总力 $\dfrac{F_{\mathrm{H}}}{\gamma\cdot H\cdot a\cdot c}=0.18$;当波浪入射角度 $\left(1+\dfrac{a}{L}\cos\theta\right)$ 进一步增大至 1.45 时,水平相对特征总力 $\dfrac{F_{\mathrm{H}}}{\gamma\cdot H\cdot a\cdot c}$ 减小至 0.14。经数据拟合,两者之近似呈幂函数关系,且相关性较好。

图 6.3-10b)和 c)中两者之间的变化规律与图 6.3-10a)一致。

4)特征总力计算

(1)垂向特征总力计算

综合以上箱梁垂向特征总力随波陡、净空高度以及入射角度的变化可知,垂向相对特征总力与波陡和波浪入射角度之间存在幂函数关系,与净空高度之间存在线性关系。经试验数据拟合,箱梁垂向特征总力计算公式如下:

$$\dfrac{F_{\mathrm{V}}}{\gamma\cdot H\cdot a\cdot b}=0.045\cdot\left(1+\dfrac{L}{b}\sin\theta\right)^{0.25}\cdot\left(\dfrac{H}{L}\right)^{-0.4}\left(\dfrac{\eta_{\max}-\Delta h}{H}\right) \quad (6.3\text{-}1)$$

式中:F_{V}——箱梁垂向特征总力(峰值平均,kN);

γ——水的重度(kN/m³);

H——波高(m);

a——桥跨长度(m);

b——箱梁宽度(m);

L——波长(m);

$\eta_{\max}$——波峰在静水面以上的高度(m);

Δh——桥跨中心梁底与静水面之间的净空高度(m),淹没时为负;

θ——波向与桥轴线之间的夹角(°),当波向沿桥轴线时取0°,垂直于桥轴线时取90°。

采用公式(6.3-1)的垂向特征总力计算值与试验值的对比见图6.3-11。由图6.3-11可知,式(6.3-1)计算值与试验值符合较好,平均误差为5.1%,相关系数达到0.95以上。

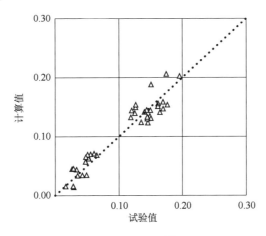

图6.3-11 规则波垂向相对特征总力 $\dfrac{F_V}{\gamma \cdot H \cdot a \cdot b}$ 计算值与试验值的对比

(2)水平特征总力计算

根据上述箱梁水平特征总力随波陡、净空高度以及入射角度的变化可知,水平相对特征总力与波陡和波浪入射角度之间存在幂函数关系,与净空高度之间存在线性关系。经试验数据拟合,箱梁水平特征总力计算公式如下:

$$\frac{F_H}{\gamma \cdot H \cdot a \cdot c} = 0.048 \cdot \left(1 + \frac{a}{L} \cdot \cos\theta\right)^{-0.25} \cdot \left(\frac{H}{L}\right)^{-0.65} \left(\frac{\eta_{\max} - \Delta h}{H}\right)$$

(6.3-2)

式中:F_H——箱梁水平特征总力(峰值平均,kN);

c——箱梁高度(m)。

式中其他各参数与式(6.3-1)一致。

采用公式(6.3-2)的水平特征总力计算值与试验值的对比见图6.3-12。由图6.3-12可知,式(6.3-2)计算值与试验值符合较好,平均误差为7.9%,相关系数$R = 0.91$,计算值略大于试验值。

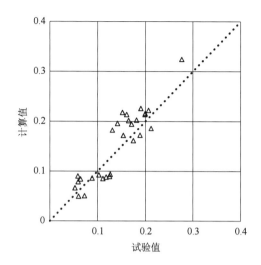

图 6.3-12　规则波水平相对特征总力 $\dfrac{F_H}{\gamma \cdot H \cdot a \cdot c}$ 计算值与试验值的对比

5）最大总力计算

（1）垂向最大总力计算

除上述特征总力外,最大总力也是设计中关心的特征值之一。图 6.3-13 为不同试验组次测得的垂向最大总力与特征总力的对比。图中横坐标为相对特征总力 $\dfrac{F_V}{\gamma \cdot H \cdot a \cdot b}$,纵坐标为相对最大总力 $\dfrac{F_{V_{max}}}{\gamma \cdot H \cdot a \cdot b}$。

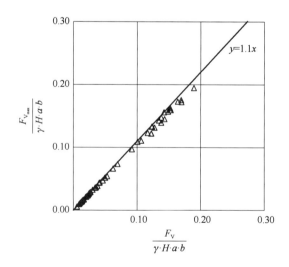

图 6.3-13　垂向相对最大总力 $\dfrac{F_{V_{max}}}{\gamma \cdot H \cdot a \cdot b}$ 与相对特征总力 $\dfrac{F_V}{\gamma \cdot H \cdot a \cdot b}$ 对比

由图6.3-13可知,垂向相对最大总力与相对特征总力之间关系相对比较集中,变异系数C_V为0.023,垂向相对最大总力在相对特征总力的1.0~1.1倍之间。图中实线表示垂向相对最大总力等于1.1倍相对特征总力,所有点均分布于此实线右侧,即垂向相对最大总力均不超过垂向相对特征总力的1.1倍。因此,在实际工程应用中,建议垂向最大总力取垂向特征总力的1.1倍,即:

$$\frac{F_{V_{max}}}{\gamma \cdot H \cdot a \cdot b} = 0.0495 \cdot \left(1 + \frac{L}{b}\sin\theta\right)^{0.25} \cdot \left(\frac{H}{L}\right)^{-0.4} \left(\frac{\eta_{max} - \Delta h}{H}\right)$$

(6.3-3)

(2)水平最大总力计算

图6.3-14为不同试验组次测得的水平最大总力与特征总力的对比。图中横坐标为水平相对特征总力$\frac{F_H}{\gamma \cdot H \cdot a \cdot c}$,纵坐标为水平相对最大总力$\frac{F_{H_{max}}}{\gamma \cdot H \cdot a \cdot c}$。

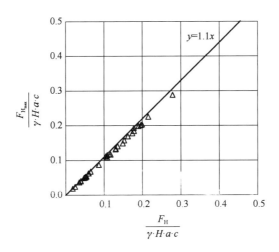

图6.3-14 水平相对最大总力$\frac{F_{H_{max}}}{\gamma \cdot H \cdot a \cdot c}$与相对特征总力$\frac{F_H}{\gamma \cdot H \cdot a \cdot c}$对比

由图6.3-14可知,水平相对最大总力与相对特征总力之间关系相对比较集中,变异系数C_V为0.023,水平相对最大总力在相对特征总力的1.0~1.1倍之间。图中实线表示水平相对最大总力等于1.1倍相对特征总力,所有点均分布于此实线右侧,即水平相对最大总力均不超过水平相对特征总力的1.1倍。因此,在实际工程应用中,建议水平最大总力取水平特征总力的1.1倍,即:

$$\frac{F_{H_{\max}}}{\gamma \cdot H \cdot a \cdot c} = 0.0528 \cdot \left(1 + \frac{a}{L} \cdot \cos\theta\right)^{-0.25} \cdot \left(\frac{H}{L}\right)^{-0.65} \left(\frac{\eta_{\max} - \Delta h}{H}\right)$$

(6.3-4)

6.3.2 不规则波

1）垂向总力和水平总力的时域变化特性

（1）垂向总力

图 6.3-15 为箱梁垂向总力随时间的变化过程。由图可知，垂向总力随时间主要表现为一个瞬时冲击波压力部分和一个缓慢变化静水压力部分，垂向总力变化曲线类似于波面线。由于入射波高、波周期的随机变化，箱梁垂向总力的变化也呈现出随机变化的特点，不同时刻最大垂向总力值却相差很大。

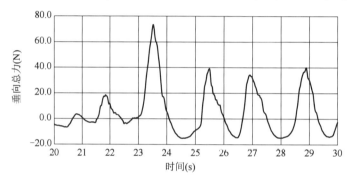

图 6.3-15 不规则波垂向总力随时间变化过程

图 6.3-16 ~ 图 6.3-18 为不同水位、入射波浪条件下箱梁底部垂向总力变化的历时曲线。图 6.3-16 为波浪作用于箱梁结构时典型的压力变化过程，陡变的冲击压力在波浪与箱梁接触瞬间就开始产生，并伴随着一个缓变正压力，这种情况多发生于水位较高，即箱梁相对超高较小时。

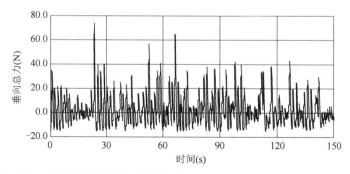

图 6.3-16 不规则波垂向总力变化（$H_s = 4.85$m，$T = 9.58$s，$h = 12.92$m）

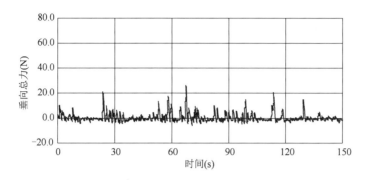

图 6.3-17　不规则波垂向总力变化（$H_s=4.85\mathrm{m}$，$T=9.58\mathrm{s}$，$h=11.82\mathrm{m}$）

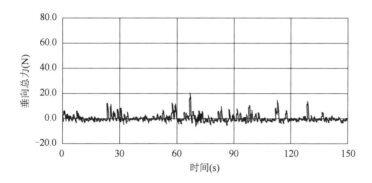

图 6.3-18　不规则波垂向总力变化（$H_s=4.51\mathrm{m}$，$T=9.24\mathrm{s}$，$h=11.82\mathrm{m}$）

在低水位时,见图 6.3-17,由于箱梁底部超高较大,仅偶尔有大浪形成对梁底的冲击,且冲击前波浪水质点速度已减弱,加之缓变总力已不太明显,因此此时的垂向总力远小于高水位时的垂向总力。

对比图 6.3-17 和图 6.3-18,在相同水位条件下,不同的入射波浪条件对垂向总力变化也存在一定影响。图 6.3-17 中垂向总力峰值普遍小于图 6.3-18 中垂向总力峰值。由此可知,入射波高较大时对应的垂向总力也相对较大。

（2）水平总力

图 6.3-19 为箱梁水平总力随时间的变化过程。由图可知,水平总力随时间周期性变化,但不同时刻的冲击水平总力大小不一,垂向冲击总力部分与缓变总力部分的区分并不明显。由于入射波高、波周期的随机变化,箱梁水平向总力的变化也呈现出随机变化的特点,不同时刻最大水平总力却相差很大。

图 6.3-20～图 6.3-22 为不同水位、入射波浪条件下箱梁迎浪侧面水平向总力的变化历时曲线。

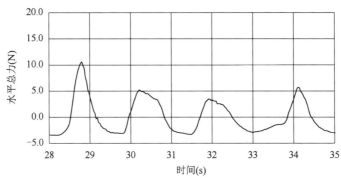

图 6.3-19　不规则水平总力变化

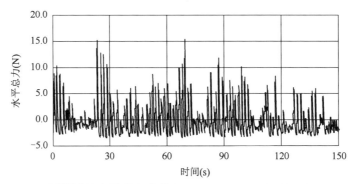

图 6.3-20　不规则波水平总力变化（$H_s=4.85\mathrm{m}$，$T=9.58\mathrm{s}$，$h=12.92\mathrm{m}$）

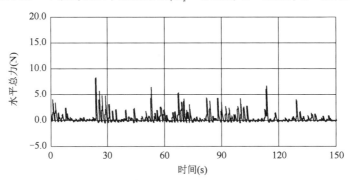

图 6.3-21　不规则波水平总力变化（$H_s=4.85\mathrm{m}$，$T=9.58\mathrm{s}$，$h=11.82\mathrm{m}$）

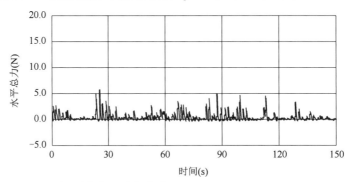

图 6.3-22　不规则波水平总力变化（$H_s=4.51\mathrm{m}$，$T=9.24\mathrm{s}$，$h=11.82\mathrm{m}$）

图 6.3-20 为波浪作用于水平结构物时典型的压力变化过程,陡变的冲击压力在波浪与箱梁接触瞬间就开始产生,并伴随着一个缓变正压力,这种情况多发生于水位较高,即箱梁相对超高较小时。

在低水位时,见图 6.3-21,由于箱梁底部超高较大,仅偶尔有大浪形成对箱梁的冲击,且冲击前波浪水质点速度已减弱,因此此时的水平总力远小于高水位时的水平总力。

对比图 6.3-21 和图 6.3-22,在相同水位条件下,不同的入射波浪条件对波压力变化也存在一定影响。图 6.3-21 中水平总力峰值普遍大于图 6.3-22 中水平总力峰值。因此,入射波高较大时对应的水平总力也相对较大。

2)重复性验证

从规则波条件下总力变化的分析可知,由于箱梁下波浪运动的复杂性以及冲击波压力发生的偶发现象,各周期的冲击峰值存在差别。不规则波条件下,波高和波周期随时间变化,影响因素更为复杂。因此,还需对试验结果的重复性进行讨论,以确定不规则波试验数据的特征值选取。

(1)垂向总力

不规则波作用下两组重复试验的垂向总力峰值随时间表现出不规则的变化,并且杂乱无序,彼此之间也没有必然的对应关系,说明不规则波引起的冲击力变化是一个随机过程。按概率统计方法,将各周期冲击力峰值从大到小排列次序,并分别计算了峰值平均值、1/3 峰值平均值、1/10 峰值平均值以及最大值等统计特征值,列于表 6.3-3 中。

不规则波垂向总力重复性试验结果对比 表 6.3-3

峰值编号	试验组次					
	试验组次 2-1B			试验组次 2-2B		
	第1组(N)	第2组(N)	相差(%)	第1组(N)	第2组(N)	相差(%)
最大值	73.5	64.8	11.8%	54.0	54.3	10.6%
1/10 峰值	52.7	51.0	3.2%	40.5	39.3	3.0%
1/3 峰值	35.2	34.1	3.1%	28.2	27.5	2.5%
平均峰值	18.8	18.4	2.1%	14.9	14.6	2.0%

由表 6.3-3 可见,不规则波作用下的冲击力仍然遵循着一定的规律,统计值之间存在着较好的重复性,可以以某一个或者几个统计特征值来反映不同条件下不规则波垂向总力水平。从重复性试验的统计资料可见,垂向总力的平均值、1/3 大值和 1/10 大值相对比较稳定,而最大值虽然也反映了波浪的动力状况,但重复试验值有的相差较大,有的相差较小,数据的稳定性较差。因此,在对不规则波冲击力变化规律的研究中,应尽量采用上述 1/10 峰值、1/3 峰值或平均峰值进行分析,但最大值也应作为分析垂向总力的参考指标。

本书以下对不规则波垂向总力的研究,首先将垂向总力的 1/10 峰值作为特征总力进行分析,在此基础上进一步对垂向总力峰值的最大值进行分析,分别得到垂向总力特征值和最大值的计算公式。

(2)水平总力

表 6.3-4 为不同波况和水位情况下,不规则波水平总力重复试验的对比。由表 6.3-4 可见,与不规则波垂向总力类似,对于大部分试验而言,水平总力随时间的变化过程并不完全一致,每一周期内水平总力峰值的大小差异也较大,但所统计到的冲击力的平均值、1/3 大值和 1/10 大值相对比较稳定,而最大值重复试验值相差较大,代表性较差。因此,在对不规则波水平总力变化规律的研究中,应尽量采用平均值、1/3 大值或 1/10 大值进行分析,但最大值也应作为分析水平总力的参考指标。

不规则波水平总力重复性试验结果对比 表 6.3-4

峰值编号	试验组次					
	试验组次 2-1B			试验组次 2-2B		
	第1组(N)	第2组(N)	相差(%)	第1组(N)	第2组(N)	相差(%)
最大值	15.3	13.3	13.1%	11.2	10	10.7%
1/10 峰值	12.1	11.7	3.3%	9	8.6	4.4%
1/3 峰值	8.7	8.5	2.3%	6.4	6.2	3.2%
平均峰值	4.5	4.5	0.0%	3.1	3.0	3.1%

本书以下对不规则波水平总力的研究,首先将水平总力的 1/10 峰值作为特征总力进行分析,在此基础上进一步对水平总力峰值的最大值进行分析,分别得到水平总力特征值和最大值的计算公式。

3)特征总力计算

根据规则波试验成果分析可知,影响箱梁受力的因素包括波高、周期、波浪入射角(波浪入射方向与桥轴线间夹角)以及水面以上箱梁的净空高度等。由于波浪在箱梁下运动十分复杂,影响因素较多,并具有很多的不稳定性,试图从理论上进行数学公式的推导得到特征总力的计算公式,常常难以得到令人满意的结果。因此,本书对此类问题的研究采用因次分析并结合对试验数据拟合的方法。

(1)垂向特征总力

对于不规则波,箱梁垂向特征总力采用如下公式计算:

$$\frac{F_{V_{1/10}}}{\gamma \cdot H_{1\%} \cdot a \cdot b} = 0.1 \cdot \left(1 + \frac{L}{b}\sin\theta\right)^{0.25} \cdot \left(\frac{H_{1\%}}{L}\right)^{-0.4} \left(\frac{\eta_{\max} - \Delta h}{H_{1\%}}\right)$$

(6.3-5)

式中:$F_{V_{1/10}}$——箱梁垂向特征总力(1/10 大值平均,kN);

$H_{1\%}$——累计频率 1% 的波高(m);

式中其他各参数与式(6.3-1)一致。

采用公式(6.3-5)的不规则波垂向总力计算值与试验值的对比见图 6.3-23。由图 6.3-23 可知,式(6.3-5)计算值与试验值较为符合,平均误差为 6.1%,相关系数 $R = 0.96$。

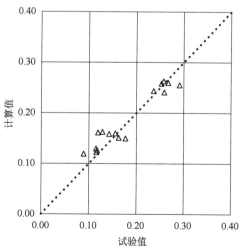

图 6.3-23 不规则波垂向相对特征总力 $\dfrac{F_{V_{1/10}}}{\gamma \cdot H_{1\%} \cdot a \cdot b}$ 计算值与试验值的对比

(2)水平特征总力

对于不规则波,箱梁水平特征总力采用如下公式计算:

$$\frac{F_{H_{1/10}}}{\gamma \cdot H_{1\%} \cdot a \cdot c} = 0.075 \cdot \left(1 + \frac{a}{L} \cdot \cos\theta\right)^{-0.25} \cdot \left(\frac{H_{1\%}}{L}\right)^{-0.65} \left(\frac{\eta_{\max} - \Delta h}{H_{1\%}}\right)$$

(6.3-6)

式中:$F_{H_{1/10}}$——箱梁水平特征总力(1/10 大值平均,kN);

$H_{1\%}$——累计频率1%的波高(m);

式中其他各参数与式(6.3-2)一致。

采用公式(6.3-6)的不规则波水平力计算值与试验值的对比见图 6.3-24。由图 6.3-24 可知,式(6.3-6)计算值与试验值较为符合,平均误差为 6.8%,相关系数为 0.91。

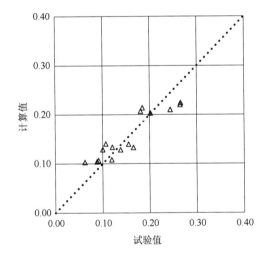

图 6.3-24　不规则波水平相对特征总力 $\dfrac{F_{H_{1/10}}}{\gamma \cdot H_{1\%} \cdot a \cdot c}$ 计算值与试验值的对比

4)最大总力计算

(1)垂向最大总力

图 6.3-25 为不同试验组次测得的垂向最大总力与特征总力的对比。图中横坐标为相对特征总力 $\dfrac{F_{V_{1/10}}}{\gamma \cdot H_{1\%} \cdot a \cdot b}$,纵坐标为相对最大总力 $\dfrac{F_{V_{\max}}}{\gamma \cdot H_{1\%} \cdot a \cdot b}$。

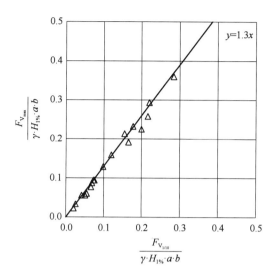

图 6.3-25　垂向相对最大总力 $\dfrac{F_{V_{\max}}}{\gamma \cdot H_{1\%} \cdot a \cdot b}$ 与相对特征总力 $\dfrac{F_{V_{1/10}}}{\gamma \cdot H_{1\%} \cdot a \cdot b}$ 对比

由图 6.3-25 可知，垂向相对最大总力与相对特征总力之间关系相对比较集中，变异系数 C_V 为 0.114，垂向相对最大总力在相对特征总力的 1.1~1.4 倍之间。图中实线表示垂向相对最大总力等于 1.3 倍相对特征总力，除个别点外，大部分点均分布于此实线右侧，即大部分情况下，垂向相对最大总力均不超过垂向相对特征总力的 1.3 倍。因此，在实际工程应用中，建议垂向最大总力取垂向特征总力的 1.3 倍，即：

$$\frac{F_{V_{\max}}}{\gamma \cdot H_{1\%} \cdot a \cdot b} = 0.13 \cdot \left(1 + \frac{L}{b}\sin\theta\right)^{0.25} \cdot \left(\frac{H_{1\%}}{L}\right)^{-0.4} \left(\frac{\eta_{\max} - \Delta h}{H_{1\%}}\right)$$

(6.3-7)

(2) 水平最大总力

图 6.3-26 为不同试验组次测得的水平最大总力与特征总力的对比。图中横坐标为水平相对特征总力 $\dfrac{F_{H_{1/10}}}{\gamma \cdot H_{1\%} \cdot a \cdot c}$，纵坐标为水平相对最大总力 $\dfrac{F_{H_{\max}}}{\gamma \cdot H_{1\%} \cdot a \cdot c}$。

由图 6.3-26 可知，与垂向总力相比，水平相对最大总力与相对特征总力之间的集中程度更高，变异系数 C_V 为 0.069，相对最大总力最大为相对特征总力的 1.34 倍，最小为相对特征总力的 1.05 倍。图中实线表示水平相对最大总力等于1.2倍相对特征总力,除个别点外,大部分点均分布于此实线右侧,即大部分情况下,水平相对最大总力均不超过水平相对特征总力的1.2倍。因此,在实际工程应用中,建议水平最大总力取水平特征总力的1.2倍,即:

$$\frac{F_{H_{max}}}{\gamma \cdot H_{1\%} \cdot a \cdot c} = 0.09 \cdot \left(1 + \frac{a}{L} \cdot \cos\theta\right)^{-0.25} \cdot \left(\frac{H_{1\%}}{L}\right)^{-0.65} \left(\frac{\eta_{max} - \Delta h}{H_{1\%}}\right)$$

(6.3-8)

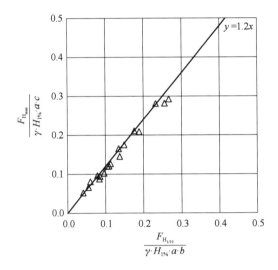

图 6.3-26 水平相对最大总力 $\frac{F_{H_{max}}}{\gamma \cdot H_{1\%} \cdot a \cdot b}$ 与相对特征总力 $\frac{F_{H_{1/10}}}{\gamma \cdot H_{1\%} \cdot a \cdot b}$ 对比

6.4 评估方法与应用

对于结构物安全评估,假定结构物所受的水平和垂向荷载效应为 S,结构物容许的水平和垂向荷载效应为 R,则结构物承载力储备为容许承载力 R 与荷载效应 S 之差,当结构的承载力储备($R-S$)大于0时,结构是安全的。

波浪力是影响港珠澳大桥岛桥结合跨箱梁安全的因素之一。港珠澳大桥设计波浪的重现期标准为100年一遇控制。根据岛桥结合跨波浪物理模型试验成果,在100年一遇高水位+100年一遇波浪作用下,岛桥结合跨箱梁所受的最大水平力为1423kN,最大上托力为4168kN。故本次港珠澳大桥岛桥结合跨箱梁容许波流力设计值(即容许承载力 R)取上述值。

根据仿真模型试验成果,不规则波作用下岛桥结合跨箱梁所受的垂向最大波浪力和水平最大波浪力分别为式(6.4-1)和式(6.4-2):

$$\frac{F_{V_{max}}}{\gamma \cdot H_{1\%} \cdot a \cdot b} = 0.13 \cdot \left(1 + \frac{L}{b}\sin\theta\right)^{0.25} \left(\frac{H_{1\%}}{L}\right)^{-0.4} \left(\frac{\eta_{max} - \Delta h}{H_{1\%}}\right) \quad (6.4\text{-}1)$$

$$\frac{F_{H_{max}}}{\gamma \cdot H_{1\%} \cdot a \cdot c} = 0.09 \cdot \left(1 + \frac{a}{L} \cdot \cos\theta\right)^{-0.25} \left(\frac{H_{1\%}}{L}\right)^{-0.65} \left(\frac{\eta_{max} - \Delta h}{H_{1\%}}\right)$$
$$(6.4\text{-}2)$$

采用上式分别计算,可得到作用于岛桥结合跨箱梁所受的最大垂向和水平波浪力(即荷载效应 S)。

本次对于箱梁承载力状态的分级评估分为 5 级(表 6.4-1),分别对应箱梁受力为允许值的 30%、60%、90% 和 100% 以上。

岛桥结合跨箱梁受力评价标准　　　　表 6.4-1

箱梁受力值与允许值之比	损失等级
$S < 30\%R$	Ⅰ 轻微
$30\%R \leq S < 60\%R$	Ⅱ 较大
$60\%R \leq S < 90\%R$	Ⅲ 严重
$90\%R \leq S < R$	Ⅳ 很严重
$S \geq R$	Ⅴ 灾难性

根据桥梁运行期箱梁受力对桥梁安全运行的影响程度,将箱梁受力安全风险等级分为四级,并提出相应的预警级别(表 6.4-2)。结合本次研究具体成果,表 6.4-3 给出了港珠澳大桥西人工岛岛桥结合跨箱梁安全风险等级预警级别以及应对措施。

岛桥结合跨箱梁受力风险等级对应的预警级别及应对措施　　表 6.4-2

风险等级	接受准则	预警等级
一般风险-Ⅰ级	$S < 60\%R$	四级预警-Ⅳ级
较大风险-Ⅱ级	$60\%R \leq S < 90\%R$	三级预警-Ⅲ级
重大风险-Ⅲ级	$90\%R \leq S < R$	二级预警-Ⅱ级
特大风险-Ⅳ级	$S \geq R$	一级预警-Ⅰ级

港珠澳大桥西人工岛岛桥结合跨箱梁安全风险等级预警级别及措施　表6.4-3

风险等级	预警等级	风险接受准则	应对措施
一般风险-Ⅰ级	四级预警-Ⅳ级	$F_H < 854\text{kN}$ $F_V < 2501\text{kN}$	注意监测
较大风险-Ⅱ级	三级预警-Ⅲ级	$854\text{kN} \leqslant F_H < 1281\text{kN}$ $2501\text{kN} \leqslant F_V < 3751\text{kN}$	注意监测,采用一定的防护措施
重大风险-Ⅲ级	二级预警-Ⅱ级	$1281\text{kN} \leqslant F_H < 1423\text{kN}$ $3751\text{kN} \leqslant F_V < 4168\text{kN}$	采用防护措施,如对箱梁进行压载
特大风险-Ⅳ级	一级预警-Ⅰ级	$F_H \geqslant 1423\text{kN}$ $F_V \geqslant 4168\text{kN}$	对箱梁采取防护和加固措施,人工岛前抛填沙袋消浪

注:表中 F_H 为箱梁所受水平向波浪力,F_V 为箱梁所受垂向波浪力。

6.5　本章小结

本章通过在波浪港池中构建三维模型,对西人工岛以及岛桥结合部附近的箱梁、桥台以及桥墩基础进行模拟。针对规则波和不规则波,分别测量了箱梁底面和侧面所受的垂向和水平向总力。基于物理模型试验结果,通过关键特征参数量纲分析,建立了岛桥结合部箱梁垂向总力以及水平总力的计算公式。根据箱梁所受水平和垂向荷载与容许荷载的关系,建立了岛桥结合跨箱梁安全评估标准,并给出了预警等级和应对措施。基于上述建立的总力计算方法和箱梁安全评估标准可实现对岛桥结合跨箱梁安全的快速评估,为桥梁安全评估提供技术支撑。

本章参考文献

[1] Douglass S L, Chen Q, Olsen J M, et al. Wave forces on bridge decks [R]. Mobile, AL.: University of South Alabama, 2006.

[2] Cuomo G, Tirindelli M, Allsop W. Wave-in-deck loads on exposed jetties[J].

Coastal engineering, 2007, 54(9):657-679.

[3] Marin J M. Wave loading on bridge super-structures[D]. Gainesville, Florida: University of Florida, 2010.

[4] Bradner C, Schumacher T, Cox D, et al. Large-scale laboratory observations of wave forces on a highway bridge superstructure[J]. Wave forces, 2011.

[5] Seiffert B, Hayatdavoodi M, Ertekin R C. Experiments and computations of solitary-wave forces on a coastal-bridge deck. Part I: Flat plate[J]. Coastal engineering. 2014.

[6] Hayatdavoodi M, Seiffert B, Ertekin R C. Experiments and computations of solitary-wave forces on a coastal-bridge deck. Part II: Deck with girders[J]. Coastal engineering, 2014, 88(88): 210-228.

[7] Seiffert B R, Ertekin R C, Robertson I N. Effect of entrapped air on solitary wave forces on a coastal bridge deck with girders[J]. Journal of bridge engineering, 2015, 21(2): 4015036.

[8] 周益人,陈国平,黄海龙,等.透空式水平板波浪总上托力试验研究[J].海洋工程,2004,22(4):8.

[9] 周益人,王登婷.高桩码头面板波浪上托力试验研究[C]//全国水动力学学术会议,2003.

[10] 周益人,陈国平,黄海龙,等.透空式水平板波浪上托力分布[J].海洋工程,2003,21(4):7.

[11] Zhou Y, Chen G, Wang D. Experimental study on total uplift forces on waves on horizontal plates[J]. Journal of hydrodynamics, 2004, 16(2): 220-226.

[12] 周益人,陈国平,王登婷.斜坡上封闭水平板波浪总上托力试验研究[J].河海大学学报:自然科学版,2004,32(4):5.

[13] 王端宏,周益人.斜坡上封闭式水平板波浪上托力分布试验研究[J].海洋工程,2012,30(3):6.

[14] 周益人,陈国平,王登婷.斜坡封闭式水平板波浪上托力计算方法及实例应用[J].水动力学研究与进展:A辑,2005,20(1):6.

[15] Ren B, Wang Y. Impact pressure of incident regular waves and irregular waves

on the surface of open-piled structures[J]. China ocean engineering, 2004, 18(1): 35-46.

[16] Bing R. Experimental investigation of instantaneous properties of wave slamming on the plate[J]. 中国海洋工程(英文版), 2007.

[17] 丁兆强. 波浪对透空式三维结构物的冲击作用研究[D]. 大连:大连理工大学, 2009.

[18] 方庆贺. 近海桥梁上部结构波浪作用研究[D]. 哈尔滨:哈尔滨工业大学, 2017.

[19] Kleefsman K M T, Fekken G, Veldman A E P, et al. A volume-of-fluid based simulation method for wave impact problems[J]. Journal of computational physics, 2005, 206(1): 363-393.

[20] Jin J, Meng B. Computation of wave loads on the superstructures of coastal highway bridges[J]. Ocean engineering, 2011, 38(17-18): 2185-2200.

[21] Seiffert B R, Ertekin R C, Robertson I N. Effect of entrapped air on solitary wave forces on a coastal bridge deck with girders[J]. Journal of bridge engineering, 2015, 21(2): 4015036.

[22] Hayatdavoodi M, Seiffert B, Ertekin R C. Experiments and calculations of cnoidal wave loads on a flat plate in shallow water[J]. Journal of ocean engineering and marine energy, 2015, 1(1): 77-99.

[23] Seiffert B R, Ertekin R C, Robertson I N. Wave loads on a coastal bridge deck and the role of entrapped air[J]. Applied ocean research, 2015, 53: 91-106.

[24] 刘清君,李岩汀,李国红,等. 港珠澳大桥岛桥结合跨箱梁波浪力试验研究[J]. 海洋工程, 2022, 40(04): 11-17.

[25] 李岩汀,刘清君,闫禹,等. 港珠澳大桥西人工岛桥结合段波浪演变数值模拟[J]. 海洋工程, 2022, 40(04): 18-25.

第 7 章

岛桥段桥墩冲刷评估

岛桥段桥墩形成的局部冲刷是影响人工岛堤前海床稳定一个重要因素。本章通过试验室开展的物理模型试验,结合港珠澳大桥岛桥结合段桥墩冲刷情况的现场监测数据,给出了桥墩基础承载力和冲刷风险的评估方法。该项研究成果可为人工岛的堤前海床冲刷评定提供技术支撑。

7.1 概述

港珠澳大桥通过东西人工岛进行桥隧衔接。东人工岛结合部桥梁桥墩是1~8号桥墩,跨径为55m预应力混凝土非通航孔桥梁(图7.1-1)。西人工岛接合部桥梁桥墩是11~16号桥墩,跨径为49.8m预应力混凝土非通航孔桥梁(图7.1-2)。岛桥结合部建设时进行了人工岛护岸和护底防护处理,7号、8号、11号和12号桥墩在护岸位置,6号和13号桥墩在护底位置。岛桥段其他桥墩基础未进行防护处理。

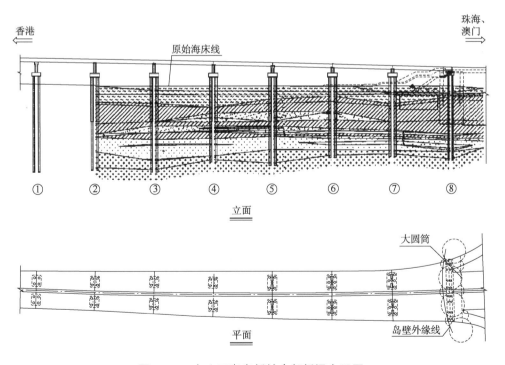

图 7.1-1 东人工岛岛桥结合部桥梁布置图

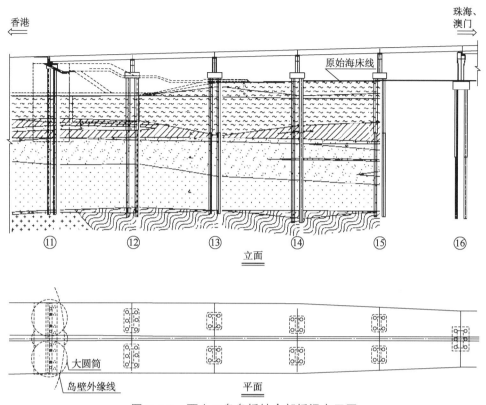

图 7.1-2　西人工岛岛桥结合部桥梁布置图

跨海大桥建成后,桥墩基础会改变其周围海水的流场,局部流速和流向的改变会对桥梁基础产生冲刷影响,桥墩基础冲刷已成为造成桥梁病害的重要因素之一。桥梁基础冲刷破坏往往在没有预警的情况下突然发生。美国统计在 1966—2005 年间 1502 座倒塌桥梁中,58% 的桥梁破坏是由桥梁基础结构冲刷病害及其相关水力学作用引起的。新西兰科学与工业研究部(DSIR)1990 年的一份研究报告指出,新西兰境内 1960—1984 年发生的 108 起桥梁破坏事故中,29 起是由于桥墩冲刷引起的。我国近年来桥墩水毁的事故也不少,易仁彦收集了中国 2000—2014 年间运营阶段发生的 106 起桥梁坍塌事故,高达 30% 是由桥墩冲刷造成的。

桥墩基础局部冲刷是指基础阻挡水流,造成水流在基础周围分离出三维的边界层,致使局部水流出现高紊动和高流速,桥墩周围的河床会出现局部的变形。影响桥墩冲刷的因素繁多,难以对其进行准确的预估,且随着水文条件的变化,桥墩的破坏表现出一定的偶然性,这是桥墩设计和运营中最难解决的关键问题之一。

国外自 20 世纪 50 年代以来开始对桥墩局部冲刷进行研究,主要有国际水力学协会(IAHR)组织国际专家编著出版的文件和手册,以及美国的行业规范两大体系。1988年,美国联邦公路局(FHWA)发布了《桥梁冲刷估算的暂行办法》和《桥梁冲刷》的技术报告。随后于1995年,FHWA又发布了《水力工程通报》,2003年,以E. V. Richarson为首的专家组共同发表了 *Bridge Scour Evaluation in the Unite States*,其中细致地介绍了FHWA推荐的河流稳定性估算和桥梁冲刷预测。

我国于1958年开始对桥墩基础局部冲刷计算进行研究,并在1964年通过整理分析我国多座桥梁观测及模型试验资料制定得出65-1式、65-2式局部冲刷计算公式,两公式能够反映出冲刷坑深度受行近流速的影响的变化规律,同时又充分兼顾了底沙运动对冲刷的影响,计算结果较为可靠。此后又对65-1式、65-2式进行全面修正,并提出了修正式,并将其纳入《公路工程水文勘测设计规范》(JTG C30—2015)。受一些条件所限,65-1式、65-2式修正公式中墩形系数K采用的是苏联的经验值,存在很多不完善的地方。为了提高计算精度,1975年,铁道部科学研究院、内蒙古和辽宁等公路部门通过研究,得出了适合我国的墩形系数和计算公式。

目前国内外仍没有单纯的理论计算公式,理论上也较难建立桥墩局部冲刷的数学模型。据不完全统计,目前国内外从不同途径研究发表的桥墩局部冲刷深度计算公式有50多个。现有公式多为经验公式或半经验半理论公式,这些公式大多基于试验或现场实测数据建立,尚未发现纯理论推导公式。冲刷深度计算公式的研究结论或多或少存在差异,但是大多数公式高估了冲刷深度,使得结果偏于保守。桥梁基础冲刷深度计算公式所得成果虽然也能为桥梁设计及施工者提供一定的科学依据,但当试验或实地条件发生改变时,这些公式多不再适用,具有明显的局限性。

在潮汐河口和海域建设桥梁时,由于潮流动力作用,桥墩的冲刷涉及更加复杂的水流过程。2000年,美国制定了行业规范《潮汐河道冲刷》,是世界上首次提出的潮汐水流下桥墩局部冲刷的应用规范。我国在2000年才逐渐开始研究往复流的冲刷计算公式,对潮流作用下的桥墩冲刷问题还处于研究的初级阶段,基本上没有得出潮流作用下的桥墩冲刷计算公式。对于潮流作用下的桥墩局部冲刷,研究方法有现场观测、物理试验及数值模拟。现在很多潮汐河口的大型桥梁和跨海大桥(如东海大桥、杭州湾大桥、港珠澳大桥、青岛海湾大桥)都通过物理模型试验来分析冲刷。

虽然针对桥梁基础冲刷进行了大量的物理模型试验和数学模型试验研究,

但仍存在许多不足,如在物理模型试验中,实际环境中影响冲刷深度的因素更加复杂,试验不能全面考虑并加以研究。试验室中试验持续时间往往能达到局部冲刷的平衡冲刷时间,而在实际工程中,桥梁基础局部冲刷往往需要几个月、几年甚至更长的时间才能达到平衡冲刷状态;缩尺物理模型试验中,缩尺效应是不可避免的,但在实际环境下涡流的大小和冲刷河床的能力是试验模型不能比拟的,这直接影响试验结果的精确性。在数学模型试验中,桥墩冲刷是一个三维问题,数学较难完全模拟出局部真实水流特征和冲刷特征。

桥梁工程从规划、设计、施工和营运阶段都受到潜在风险的威胁。桥梁营运期的风险主要来自意外事故、自然灾害、人为破坏等情况。通过合理的风险评估和管理体制,降低桥梁运营期间的风险和总体运营成本是管理者极为关注的问题。目前桥梁工程中的风险评估大多是结合具体的问题进行:彭可可等研究了桥梁工程设计的综合安全风险评估法;阮欣进行了桥梁工程风险评估体系及关键问题研究;王俊研究了桥梁全寿命周期风险评估方法;张冬冬以崇启大桥为例对桥梁工程规划设计阶段结构和施工环节进行了风险评估,提出安全风险管理措施;朱利明等基于我国近 20 年来桥梁垮塌事故的调查数据,采用层次分析法确定桥梁垮塌风险等级评估方法;黄代勇针对山区跨河桥梁桩基冲刷进行了安全性评估和防治探讨。专门针对桥梁风险评估方法本身进行的基础理论模型研究几乎没有,基础模型的匮乏已经制约了桥梁风险评估水平的提高和应用的深入。

港珠澳大桥因其超大的建筑规模、空前的施工难度和顶尖的建造技术而举世闻名,大桥在营运期间的安全风险问题是全世界关注的问题。港珠澳大桥的岛隧和岛桥结合段水流比较复杂,岛桥段桥梁基础冲刷风险不仅对桥梁本身有影响,也可能对人工岛产生一定的影响。因此,岛桥段桥墩冲刷仿真与评估非常值得研究。

7.2　桥墩基础冲刷模拟

7.2.1　模型试验设计

(1)模型相似比尺

模型应满足几何相似、重力相似和阻力相似条件,相应比尺按照下列公式计算：平面比尺 $\lambda_l = \dfrac{l_p}{l_m}$，其中，$l_p$ 为原型长度，l_m 为模型长度；垂直比尺 $\lambda_h = \dfrac{h_p}{h_m}$，其中，$h_p$ 为原型水深，h_m 为模型水深；流速比尺 $\lambda_V = \lambda_h^{1/2}$；水流时间比尺 $\lambda_t = \lambda_l/\lambda_h^{1/2}$；流量比尺 $\lambda_Q = \lambda_l \lambda_h^{3/2}$；潮量比尺 $\lambda_W = \lambda_l^2 \lambda_h$；糙率比尺 $\lambda_n = \dfrac{\lambda_h^{2/3}}{\lambda_l^{1/2}}$。

在桥梁、水利和水运工程中存在着许多局部冲刷问题，如桥墩周围、丁坝坝头、水闸下游的局部冲刷等。冲刷坑的形成是一个三维问题，垂向水流运动是决定冲刷深度和形态的重要因素之一，因此，通常采用正态动床模型来预测桥墩局部冲刷形态和深度。

(2) 试验模型沙

动床模型中要想实现模型冲刷地形与原型相似，除了满足几何相似、动力相似等条件外，模型沙的相似尤为重要。由于本试验的主要任务是研究桥墩附近冲刷坑深度及形态，因此模型沙选择主要考虑泥沙起动相似以及水下泥沙休止角的相似。

经过相似条件下的比尺计算和模型沙性质的比选，本次模型沙采用株洲精煤研磨的煤粉，试验前进行了脱脂处理，颗分试验得到的中值粒径 $d_{50} = 0.50\text{mm}$，$\gamma_s = 1.33\text{t}/\text{m}^3$。模型沙煤粉的颗粒组成见图 7.2-1。

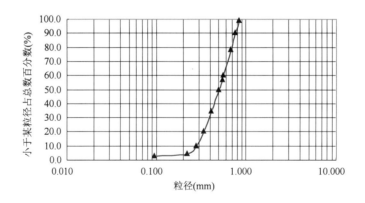

图 7.2-1 模型沙颗粒级配

对于水流作用下泥沙起动研究成果相对较多，目前沿用的做法大多采用相对成熟的公式进行计算。本次试验选用原武汉水利电力学院公式(7.2-1)计算起动流速：

$$V_c = \left(\frac{h}{d}\right)^{0.14} \left(17.6 \frac{\gamma_s - \gamma}{\gamma} d + 6.05 \times 10^{-7} \frac{10+h}{d^{0.72}}\right)^{1/2} \quad (7.2\text{-}1)$$

通过试算得出,模型采用天然沙满足水流泥沙起动相似条件的几何比尺为80。

天然沙水下休止角按张红武公式(7.2-2)计算:

$$\varphi = 35.3 d^{0.04} \quad (7.2\text{-}2)$$

经计算,原型沙 $\varphi = 33.6°$,模型沙 $\varphi = 34.2°$。由此可见,本次试验采用的模型沙与原型沙起动流速和水下休止角基本相等。

(3)模型制作及设备

在宽水槽进行桥墩基础冲刷试验,水槽总长40m,其中动床有效段长10m,宽4.2m,铺沙厚度0.6m,桥墩位于动床段的中央(图7.2-2和图7.2-3)。水槽两端口呈喇叭形,以平顺涨落水流的出入。

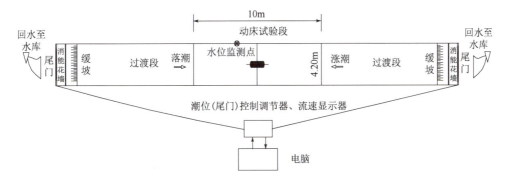

图7.2-2 模型布置图

图7.2-3 模型试验

冲刷水槽模型试验采用自动控制：计算机运行确定的潮型过程线，由配套的潮汐控制仪自动控制旋转式平板尾门的升降和双向泵转速来产生涨落潮流；数据传输接口装置通过跟踪式流速仪自动采集流速脉冲信号并传输到计算机内，经程序处理后输出数据。动床范围内用跟踪式水位仪跟踪和监测潮位，直读式旋桨流速仪监测墩前流速。地形测量采用直读式地形测量仪和测针结合进行，为反映冲刷坑形态，每组试验还运用数码照相等辅助手段。

(4) 岛桥段代表性桥墩结构及其试验水文条件

根据港珠澳大桥岛桥段桥墩结构类型、桥墩基础防护处理情况以及所处位置动力条件等，选取14号桥墩作为岛桥段代表性桥墩进行仿真试验。

岛桥结合部14号桥墩基础为桩承台墩型，平面近似矩形，沿桥梁中心线两边对称，宽8.70m，长10.20m。自顶面高程-2.0m向下的承台厚3.5m。承台底布置8根圆桩，桩径按高程的不同分为两种：承台底-36.0m之间的桩径$\phi=2.1m$；-36.0m向下桩径$\phi=1.8m$（图7.2-4）。

根据桥梁运营期水流特征，本次岛桥段桥墩基础局部冲刷的水文条件选取二年一遇、二十年一遇、百年一遇和三百年一遇的水流条件和波浪要素，详见表7.2-1。

岛桥结合部处代表性桥墩试验水文条件　　　　表7.2-1

序号	水位 (m)	高程 (m)	水深 (m)	流速 (m/s)	波高 (m)	周期 (s)	水文条件
1	2.15	-9.5	11.65	1.33			二年一遇流
2	2.15	-9.5	11.65	1.33	1.19	3.38	二年一遇波、流
3	2.97	-9.5	12.47	1.77			二十年一遇流
4	2.97	-9.5	12.47	1.77	3.6	9.30	二十年一遇波、流
5	3.47	-9.5	12.97	1.88			百年一遇流
6	3.47	-9.5	12.97	1.88	4.73	10.2	百年一遇波、流
7	3.82	-9.5	13.32	1.92			三百年一遇流
8	3.82	-9.5	13.32	1.92	5.74	9.58	三百年一遇波、流

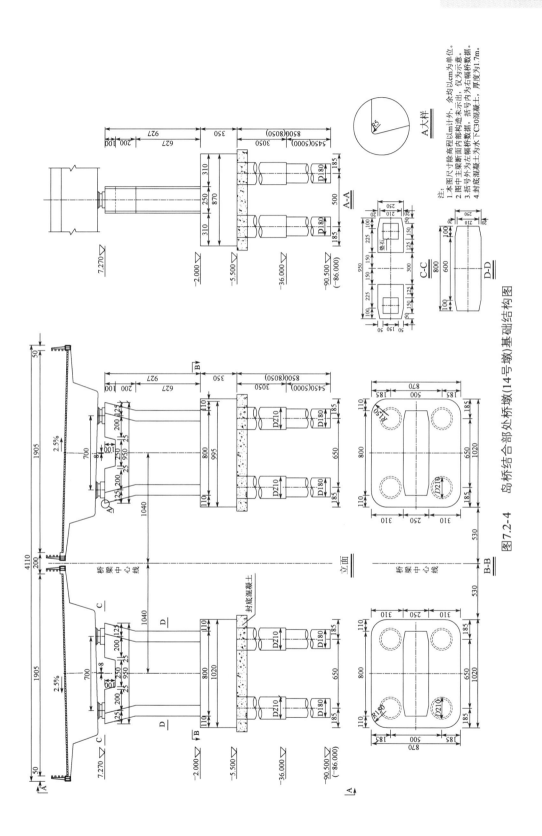

图7.2-4 岛桥结合部处桥墩(14号墩)基础结构图

7.2.2 桥墩基础局部冲刷形态分析

(1)水流作用下桥墩基础局部最大冲刷深度和冲刷形态

由于桥墩的存在,水流在桥墩周围发生较大变化,对床面进行淘刷,形成局部冲刷坑。随着冲刷坑的不断加深和扩大,水流对坑底的作用逐渐减弱,上游进入冲刷坑的泥沙与水流挟带走的泥沙趋于平衡,同时,随着较易冲刷挟带的细颗粒泥沙不断冲走,冲刷坑底部的泥沙逐渐粗化,较粗颗粒泥沙覆盖在冲刷坑表层,使坑底表面抗冲能力增强,冲刷坑深度逐渐停止发展而达到平衡。冲刷坑外缘与底部的最大高差即为最大局部冲刷深度。

表 7.2-2 是水流作用下岛桥结合部处桥墩基础河床最大冲刷深度统计表,从仿真试验最大冲刷深度结果可以看出:对于桩承台结构墩柱基础,最大冲刷深度基本发生在迎流方向的承台底桩群内前部。在墩型、桩径、桥基迎水宽度、泥沙粒径及组成等条件不变的情况下,随着流速的增大,最大冲刷深度会不断增大。

水流作用下岛桥结合部 14 号桥墩基础河床最大冲刷深度　　表 7.2-2

序号	水位（m）	高程（m）	水深（m）	流速（m/s）	水文条件	最大冲刷深度（m）
1	2.15	-9.5	11.65	1.33	二年一遇流	-2.19
2	2.97	-9.5	12.47	1.77	二十年一遇流	-4.78
3	3.47	-9.5	12.97	1.88	百年一遇流	-5.91
4	3.82	-9.5	13.32	1.92	三百年一遇流	-6.89

水流作用下岛桥结合部 14 号桥墩基础河床冲淤形态见图 7.2-5,从图上可以看出:水流受到桥墩基础阻碍后,在桥墩两侧形成绕流,构成表面漩辊;中部以下水流遇桩群边壁转而向下,与下层水平方向行进水流构成底部的向下漩辊,底部的向下漩辊是产生局部冲刷的主要动力。局部冲刷达到相对平衡后,桥墩基础周围的地形呈现机翼状的冲刷形态,两侧冲刷地形基本对称,明显冲刷区位于桥基承台迎水面底部桩群间,最大冲深点处于迎水面的前排桩群间。从基础中部、紧靠承台边壁处的水流受到多重桩群的阻水消能,冲刷能力和挟沙能力同时递减,形成类似蟹螯状的淤积带;桥基的背水面则呈现与桥基迎水宽度基本等宽、淤厚渐次递减的长条形淤积带。

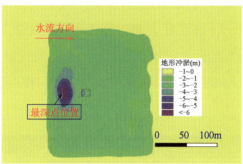

图7.2-5 三百年一遇水流作用下岛桥结合部处桥墩河床冲淤形态

墩型、桩径、桥基迎水宽度、泥沙粒径及组成等条件不变,水文条件的改变(主要指墩前行近流速和水深条件的改变),只会在冲刷深度和范围的量值上有所变化,局部冲刷形态的基本形状不会发生明显的变化。

(2)波、流共同作用下桥墩基础局部最大冲刷深度和冲刷形态

与水流作用类似,桥墩的存在使波浪和水流在其周围发生较大变化,对床面进行淘刷,形成局部冲刷坑。在冲刷过程中,波浪主要起掀沙的作用,潮流不仅对海床面进行冲刷,并将波浪掀起的泥沙向后输移。当潮流流速较大导致冲坑深度较大时,波浪对冲刷坑的下切作用将明显减弱,特征水文年情况下桥区的波流属"强流弱波","流"在冲刷中起主导作用。

波、流共同作用下岛桥结合部处桥墩基础河床最大冲刷深度见表7.2-3,从表中可以看出:波流共同作用下的最大冲刷深度比单纯水流作用下冲深增加10%左右,两者的冲刷形态相近。对于桩承台结构墩柱基础,最大冲刷深度基本发生在迎浪方向的承台底桩群内前部。在墩型、桩径、桥基迎水宽度、泥沙粒径及组成等条件不变的情况下,随着流速和波高的增大,最大冲刷深度会不断增大。

波、流共同作用下岛桥结合部处 14 号桥墩基础河床最大冲刷深度　　表 7.2-3

序号	水位（m）	高程（m）	水深（m）	流速（m/s）	波高（m）	周期（s）	水文条件	最大冲刷深度（m）
1	2.15	-9.5	11.65	1.33	1.19	3.38	二年一遇波、流	-2.64
2	2.97	-9.5	12.47	1.77	3.60	9.30	二十年一遇波、流	-5.32
3	3.47	-9.5	12.97	1.88	4.73	10.20	百年一遇波、流	-6.48
4	3.82	-9.5	13.32	1.92	5.74	9.58	三百年一遇波、流	-7.48

波、流共同作用下的冲刷形态见图 7.2-6：与水流作用类似的是，桥墩基础周围的地形呈现机翼状的冲刷形态，两侧冲刷地形基本对称，最大冲深点处于迎水面的前排桩群间。桥基的背水面则呈现与桥基迎水宽度基本等宽、淤厚渐次递减的长条形淤积带。与水流作用不同的是，波、流共同作用会使墩基周围外形成明显的沙纹。

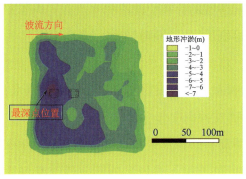

图 7.2-6　三百年一遇波流共同作用下岛桥接合部处桥墩河床冲淤形态

墩型、桩径、桥基迎水宽度、泥沙粒径及组成等条件不变，水文条件的改变（主要指墩前行近流速、波高及水深条件的改变），只会在冲刷深度和范围的量值上有所变化，局部冲刷形态的基本形状不会发生明显的变化。

7.2.3 桥墩基础冲刷计算公式

1) 冲刷产生原因

冲刷是水流侵蚀作用的结果,是水流从河(海)床、堤岸、桥梁墩台和基础等构筑物周围淘掘并带走泥沙及其他物质的过程,是一个受水深、流向、流速、桥墩或基础形状、泥沙特性等诸多因素影响的动态现象。因此,桥梁基础周围的冲刷机理十分复杂。冲刷的作用通常可以分为自然演变冲刷、一般冲刷和局部冲刷。

(1) 自然演变冲刷

河流和海域中水流和泥沙总是不停运动,床面上的泥沙被水流冲起带走,形成河床的冲刷,水流挟带的泥沙沉积下来,形成河床的淤积。在水流和泥沙的相互作用下,河(海)床不断的冲淤变化构成了河(海)床的自然演变。水流输沙不平衡是使河床发生变形的根本原因,天然河道中,水流带动床面泥沙运动,导致河床变形,变形后的河床又反作用于水流,引起水流结构的变化,水流和河床永远处于相互制约的变化过程中。

(2) 一般冲刷

一般冲刷是指收缩断面的冲刷,见图 7.2-7。当河床面冲刷完毕后,河流的原始设计水位至一般冲刷线的垂直水深即为一般冲刷深度。桥孔上游水流急剧流过桥孔会造成下游断面束缩。当桥孔的有效过水断面面积变小时,水流流速急剧增大,此时冲刷最为强烈。主要原因在于流速梯度的增大导致泥沙运动速度大小和方向剧烈变化,造成河床面切应力剧增,河床冲刷侵蚀效应明显。当这段水流继续流向下游后,断面恢复到正常状态,水流和泥沙运动渐渐变缓,直到相当远处时恢复到天然状态。

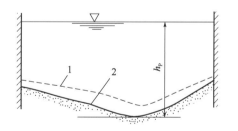

图 7.2-7 一般冲刷示意图
1-冲刷前河床面;2-冲刷后河床面

(3) 局部冲刷

跨河跨海桥梁建成后,水流和泥沙的运动需要绕过桥墩两侧,通常在墩台附近形成漩涡流场结构。该绕流体系非常复杂,容易引起桥墩周围泥沙剧烈运动,从而造成桥墩附近河床的局部变形,这个过程称为桥墩局部冲刷过程。来流受到墩柱阻挡,使其周围的水流发生急剧变化,在床面附近形成漩涡。这种漩涡水流会不断淘蚀桥墩迎水端床面,桥墩附近的泥沙被水流携走后便形成了局部冲刷坑。单桩基础附近的流场大致可以分为墩前壅水、马蹄形漩涡、向下射流和尾迹涡流四类,见图 7.2-8。冲刷过程发展可分为三个阶段:①冲刷起始阶段,在马蹄形漩涡的作用下,阻挡物基底周围的河床泥沙被翻涌带走;②主要冲刷阶段,如果离开基底区域的泥沙输送速率大于进入该区域的泥沙输送速率,则会形成冲刷坑并不断发展;③冲刷平衡阶段,随着冲刷深度的增加,马蹄形漩涡强度减弱,从而降低了离开基底区域的泥沙输送速率。

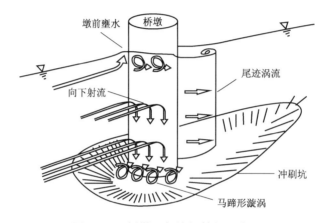

图 7.2-8 桥墩局部流场特征示意图

桥墩局部冲刷深度受多种因素影响,冲刷机理极其复杂。就目前研究结果来看,主要影响因素有:

流体特征因素:流体容重、流体运动黏度、重力加速度;

流动特征因素:水流行进深度、流速、水流弗汝德数;

床面特征因素:泥沙容重及粒径、粒径极配、土质黏性;

墩台特征因素:墩台形状(宽度、长度、形状系数)、水流与墩台夹角。

2)中美桥墩局部冲刷计算公式

《公路工程水文勘测设计规范》(JTG C30—2015)中非黏性土河床桥墩局部冲刷公式 65-2 和 65-1 修正式。在设计基础埋置深度时,应选取二者估算值中最不利的一种,并与一般冲刷深度、河床自然演变冲刷深度叠加,以此作为墩台基础埋置深度的设计依据。

65-2 式为式(7.2-3):

$$h_b = \begin{cases} K_\xi K_{\eta 2} B_1^{0.6} h_p^{0.15} \left(\dfrac{v - v'_0}{v_0} \right) & (v \leqslant v_0) \\ K_\xi K_{\eta 2} B_1^{0.6} h_p^{0.15} \left(\dfrac{v - v'_0}{v_0} \right)^{n_2} & (v > v_0) \end{cases} \quad (7.2\text{-}3)$$

式中：h_b——桥墩局部冲刷深度(m)；

v——一般冲刷后墩前行近流速(m/s)；

K_ξ——墩形系数；

B_1——桥墩计算宽度(m)；

h_p——一般冲刷后的最大水深(m)；

$K_{\eta 2}$——河床颗粒影响系数，$K_{\eta 2} = \dfrac{0.0023}{\bar{d}^{2.2}} + 0.375\bar{d}^{0.24}$，其中 $\bar{d}$ 为河床泥沙平均粒径(mm)；

v_0——河床泥沙起动流速(m/s)，$v_0 = 0.28(\bar{d} + 0.7)^{0.5}$；

v'_0——墩前泥沙起冲流速(m/s)，$v'_0 = 0.12(\bar{d} + 0.5)^{0.55}$；

n_2——指数，$n_2 = \left(\dfrac{v_0}{v} \right)^{0.23 + 0.19\lg(\bar{d})}$。

65-1 修正式为式(7.2-4)：

$$h_b = \begin{cases} K_\xi K_{\eta 1} B_1^{0.6} (v - v'_0) & (v \leqslant v_0) \\ K_\xi K_{\eta 1} B_1^{0.6} (v - v'_0) \left(\dfrac{v - v'_0}{v_0 - v'_0} \right)^{n_1} & (v > v_0) \end{cases} \quad (7.2\text{-}4)$$

式中：$K_{\eta 1}$——河床颗粒影响系数，$K_{\eta 1} = 0.8 \left(\dfrac{1}{d^{0.45}} + \dfrac{1}{d^{0.15}} \right)$；

v_0——河床泥沙起动流速(m/s)，$v_0 = 0.0246 \left(\dfrac{h_p}{d} \right)^{0.14} \sqrt{332\bar{d} + \dfrac{10 + h_p}{\bar{d}^{0.72}}}$；

v'_0——墩前泥沙起冲流速(m/s)，$v'_0 = 0.462 \left(\dfrac{\bar{d}}{B_1} \right)^{0.06} v_0$；$n_1 = \left(\dfrac{v_0}{v} \right)^{0.25\bar{d}^{0.19}}$。

黏性土河床桥墩局部冲刷公式分别为式(7.2-5)和式(7.2-6)：

当 $\dfrac{h_p}{B} \geqslant 2.5$ 时

$$h_b = 0.83 K_\xi B^{0.6} I_L^{1.25} v \quad (7.2\text{-}5)$$

当 $\dfrac{h_p}{B} < 2.5$ 时

$$h_{\mathrm{b}} = 0.55 K_{\xi} B^{0.6} h_{\mathrm{p}}^{0.1} I_{\mathrm{L}} \nu \qquad (7.2\text{-}6)$$

式中：I_{L}——冲刷坑范围内黏性土液性指数，适用范围为 0.16～0.48。

显然，在非黏性土河床下利用《公路工程水文勘测设计规范》(JTG C30—2015)中的公式进行冲刷计算，需要提供诸多参数，而大部分参数的取值存在较大的不确定性，特别需要工程经验。另外，同一公式两边的量纲不一致，不同公式右侧的量纲也不相同，这表现出公式极强的经验性，给基于量纲分析和相似关系理解冲刷机理带来困难，也反映了对局部冲刷这一复杂问题内在机理和探索上的不足。

美国规范采用式(7.2-7)的 CSU 方程，即：

$$\frac{y_{\mathrm{s}}}{y_1} = 2.0 K_1 K_2 K_3 \left(\frac{a}{y_1}\right)^{0.65} F_{\mathrm{r}}^{0.43} \qquad (7.2\text{-}7)$$

式中：y_{s}、y_1——分别为桥墩局部冲刷深度(m)和一般冲刷后桥墩上游水深(m)；

K_1、K_2、K_3——分别为墩形修正系数、水流攻角修正系数和河床条件修正系数；

a——桥墩宽度(m)；

F_{r}——桥墩上游水流流动的弗劳德数，$F_{\mathrm{r}} = v_1 / (gy_1)^{0.5}$，其中 v_1 为桥墩上游水流平均速度(m/s)；

g——重力加速度，$g = 9.81 \mathrm{m/s^2}$。

式(7.2-7)两边是量纲统一的方程，其基本原理是将桥墩冲刷深度用桥墩宽度、一般冲刷后桥墩上游水深和弗劳德数来表示，并通过墩形、水流攻角和河床条件 3 个量纲为一的修正系数来修正冲刷值。因此其物理概念明确，量纲关系清楚，冲刷计算需要的参数明显减少，简化了冲刷计算。显然，式(7.2-7)比中国规范简洁，各影响因素均以独立的分项系数表示，便于理解和应用，而弗劳德数的引入强调了流动的相似参数模拟要求。另外，对复杂桥墩基础，它将冲刷深度理解为由其组成的各个构件分别产生的冲刷之和，也即分别计算复杂桥墩各构件对冲刷深度的贡献，然后再进行叠加；同时，CSU 方程适用范围广泛，如清水冲刷、动床冲刷、宽桥墩等各种情况。据相关研究，对于复杂桥墩的局部冲刷计算，两者差别较大，目前式(7.2-7)在欧美国家的认可度比较高，中国规范的复杂桥墩局部冲刷计算值明显偏小于美国规范。

此外，为了便于生产利用，周玉利、王亚玲在美国规范公式的基础上，根据各国桥墩冲刷现场观测资料，并进行多元回归分析，得到桥墩局部冲刷深度的预测计算公式(7.2-8)：

$$h_\mathrm{b} = 0.304 K_\varepsilon h^{0.29} B_1^{0.53} d^{-0.13} v^{0.61} \tag{7.2-8}$$

式中：h_b——桥墩局部冲刷深度(m)；

K_ε——墩形系数；

h——行近水深(m)；

B_1——桥墩计算宽度(m)；

d——冲刷层内泥沙平均粒径(mm)；

v——墩前行近流速(m/s)。

式(7.2-8)中依据的实测资料包括长江、黄河、密西西比河、伏尔加河、多瑙河等大江河和山区急流的小河，以及大型运河上的各类桥梁，但是在跨海大桥桥墩局部冲刷问题中的适用性不强。

3）港珠澳大桥运营期桥墩基础局部冲刷公式

由于港珠澳大桥桥区水域动力环境复杂，大桥在营运期间的安全风险问题是不容忽视的。为了实现在港珠澳大桥运营期快速预报各种动力条件下桥墩基础局部冲刷深度，构建一个形式简洁、应用方便且适用于本桥区的局部冲刷公式是十分必要的。

(1) 水流作用下的最大冲刷深度公式

对桥墩冲刷影响的因素有很多，而且有些因素很难定量表示。为了寻求预测港珠澳大桥局部最大冲刷深度的表达式，把可能影响冲刷深度的各种因素通过量纲分析使其量纲化为一，根据试验的限定条件和试验分析结果，去掉次要因素，保留一些对冲刷影响最主要的因素，采用试验采集的数据进行线性拟合，给出预测局部最大冲刷深度的表达式。

水流作用下，影响桥墩局部最大冲刷深度 h_b 的因素包括与流体特征相关的流体密度 ρ、流体运动黏度 ν、重力加速度 g；与流动特征相关的因素包括行近水流深度 h、弗劳德数 F_r、水流方向与墩轴的夹角 θ；与河床质特征相关的因素包括泥沙密度 ρ_s、泥沙粒径 D、粒径级配结构、土壤黏性；与桥墩特征相关的因素包括桥墩形状系数 K_ξ、桥墩计算宽度 B 等。

根据本次试验的限定条件和试验分析结果，对局部冲刷影响最主要的因素有 h、D、F_ξ、B、K_ξ，其关系可以表示成无量纲函数，见式(7.2-9)：

$$h_b/B = f(h/B, D/B, F_r, K_\xi) \quad (7.2\text{-}9)$$

根据式(7.2-9)量纲分析原理可写成式(7.2-10)：

$$h_b/B = KK_\xi F_r^a (h/B)^b (D/B)^c \quad (7.2\text{-}10)$$

根据试验结果提供的数据，采用线性拟合方法，最后得到在水流作用下局部最大冲刷深度的表达式，见式(7.2-11)：

$$h_b = \alpha K_\xi B_1^{0.35} h^{0.52} v^{0.8} \quad (7.2\text{-}11)$$

式中：K_ξ——墩形系数，可按《公路工程水文勘测设计规范》(JTG C30—2015)附录C选用；

B_1——桥墩计算宽度(m)，见《公路工程水文勘测设计规范》(JTG C30—2015)附录C；

h——墩前行近水深(m)，一般以 h_p 计算；

v——一般冲刷后墩前行近流速(m/s)。

根据式(7.2-11)计算得到的冲刷深度与试验得到的冲刷深度(不仅包含岛桥段试验数据，还包含港珠澳大桥典型桥墩数据)，相比较点绘在图7.2-9中，点落在斜线上表示计算值与试验值完全一致。从图7.2-9可以看出，除个别点外，计算值与试验值基本符合，其误差都在15%以内。

此外，采用其他学者研究港珠澳大桥桥墩冲刷试验的数据对式(7.2-11)进行验证，见图7.2-10。从图上也可以看出，式(7.2-11)具有良好的适用性和精确性。

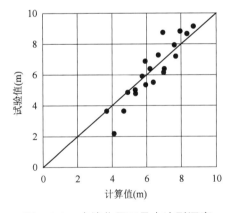

图7.2-9 水流作用下最大冲刷深度试验值和计算值对比

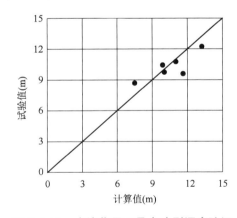

图7.2-10 水流作用下最大冲刷深度验证

(2)波、流共同作用下的最大冲刷深度公式

在波、流共同作用下，对局部冲刷影响最主要的因素除了有水流作用下的主

要因素,还包括与波浪相关的波高 H、波陡 λ,采用上节中同样的方法,可以得到波、流共同作用下局部最大冲刷深度的表达式,见式(7.2-12):

$$h_b = \alpha K_\xi B_1^{0.35}(h^{0.52}v^{0.8} + H^{0.62}\lambda^{0.53}) \quad (7.2\text{-}12)$$

根据式(7.2-12)计算得到的冲刷深度与试验得到的冲刷深度,相比较点绘在图 7.2-11 中,点落在斜线上表示计算值与试验值完全一致。从图上可以看出,除个别点外,计算值与试验值基本符合,其误差都在 15% 以内。

为了进一步验证式(7.2-12)的适用性和精确性,采用其他学者研究港珠澳大桥桥墩冲刷试验的数据进行了验证,见图 7.2-12。从图上可以看出,式(7.2-12)具有良好的适用性和精确性。

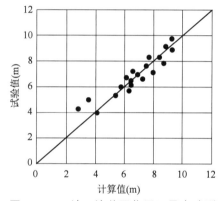

图 7.2-11 波、流共同作用下最大冲刷深度试验值和计算值对比

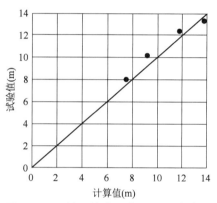

图 7.2-12 波、流共同作用下最大冲刷深度验证

7.3 评估方法及应用

7.3.1 桥梁基础承载力

桥梁基础作为桥梁的最终传力构件,将上部的荷载传递给土体。基础除了承受自重等竖向荷载,同时还承受风荷载、车辆制动力、地震、船撞等传来的水平荷载。其中大部分横向荷载与竖向荷载相比是微不足道的,而地震和船撞对桥梁产生的水平荷载往往很大,而且是致命的。

(1)单桩竖向承载力

承受竖向荷载的单桩,通常认为其承载能力发挥的过程是这样的:随着竖向荷载的施加,桩体受到压缩,由于桩体和土体刚度、受力情况的不同,桩体会产生相对于土体的向下位移,土体有抑制桩体沉降的趋势,因而对桩体产生向上的摩阻力,摩阻力和桩土接触处的桩体相对位移有关,由上向下逐渐产生以平衡桩体受到的竖向荷载。桩体受到的竖向荷载超过了最大荷载(桩土相对位移超过极限位移后),桩体和土体发生相对滑移,桩侧土体强度降低。

摩擦桩的单桩竖向承载力可采用式(7.3-1)和式(7.3-2)计算:

$$[R_a] = \frac{1}{2}U\sum_{i=1}^{n}q_{ik}l_i + A_p q_r \tag{7.3-1}$$

$$q_r = m_0\lambda\left[[f_{a0}] + k_2\gamma_2(h-3)\right] \tag{7.3-2}$$

式中:U——桩身周长(m);

A_p——桩端截面面积(m^2),对于扩底桩,取扩底截面;

n——土的层数;

l_i——承台地面或者局部冲刷线以下各个土层的厚度(m),扩孔部分不计;

q_{ik}——与l_i对应的各土层与桩侧的摩阻力标准值(kPa),宜采用单桩摩阻力试验确定,当无试验条件时,按照现行《公路桥涵地基与基础设计规范》(JTG 3363)(以下简称《规范》)取值;

q_r——桩端处土的承载力容许值,当持力层为砂土、碎石土时,若计算值超过下列值,宜按下列值采用:粉砂1000kPa,细砂1150kPa;中砂、粗砂、砾砂1450kPa;碎石土2750kPa;

$[f_{a0}]$——桩端处土的承载力容许值(kPa),按《规范》取值;

h——桩端的埋置深度(m),对于有冲刷的桩基,埋深由一般冲刷线起算;对于无冲刷的桩基,埋深由天然地面线或实际开挖后的地面线起算;h的计算值不大于40m,当大于40m时,按40m计算;

k_2——容许承载力随深度修正系数,根据桩端处持力层土类,按《规范》进行确定;

γ_2——桩端以上各土层的加权平均重度(kN/m^3),若持力层在水位以下且不透水时,不论桩端以上土层的透水性如何,一律取饱和重度;当持力层透水时,则水中部分土层取浮重度;

λ——修正系数,按照《规范》取用;

m_0——清底系数,按照《规范》取用。

支承在基岩上或嵌入基岩内的钻孔灌注桩、沉桩单桩轴向受压承载力采用式(7.3-3)计算：

$$[R_\mathrm{a}] = c_1 A_\mathrm{p} f_\mathrm{rk} + u \sum_{i=1}^{m} c_{2i} h_i f_\mathrm{rki} + \frac{1}{2} \zeta_\mathrm{s} u \sum_{i=1}^{n} l_i q_{ik} \tag{7.3-3}$$

式中：c_1——清底系数，按照《规范》取用。

A_p——桩端截面面积(m^2)，对于扩底桩，取扩底截面；

f_rk——桩端岩石饱和单轴抗压强度标准值(kPa)，黏土质岩取天然湿度单轴抗压强度标准值，当小于2MPa时按摩擦桩计算(f_rki为第i层的f_rk值)；

u——各土层或岩层部分的桩身周长(m)；

h_i——桩嵌入各岩层部分的厚度(m)，不包括强风化层和全风化层；

m——岩层的层数，不包括强风化层和全风化层；

ζ_s——覆盖层土的侧阻力发挥系数，根据桩端f_rk确定：当$2\mathrm{MPa} \leqslant f_\mathrm{rk} < 15\mathrm{MPa}$时，$\zeta_\mathrm{s} = 0.5$；当$f_\mathrm{rk} > 30\mathrm{MPa}$时，$\zeta_\mathrm{s} = 0.2$；

l_i——各个土层的厚度(m)；

q_{ik}——与l_i对应的各土层与桩侧的摩阻力标准值(kPa)，宜采用单桩摩阻力试验确定，当无试验条件时按照《规范》取值；

n——土层的层数，强风化层和全风化层按土层考虑。

(2)单桩水平承载力

单桩承受水平荷载时，根据单桩承受的水平荷载大小，可以将桩土体系分为3个承载状态：当水平荷载小于临界荷载时，每一级水平荷载引起的桩身侧移几乎相等，桩身的变形在卸载后大部分可以恢复，此时桩处于弹性状态；当水平荷载大于临界荷载而小于极限水平荷载时，每一级水平荷载引起的桩身侧移逐渐增大，桩身的变形在卸载后不可以恢复，此时桩处于弹塑性状态；随着水平力的继续增大，大于水平极限承载力时，水平荷载产生的桩身位移剧烈增大，周围土体出现裂缝，整个桩土体系明显失稳。

桩基与承台按铰接考虑，单桩的水平位移计算见《规范》。

桩顶自由、桩底支承在非岩石类土或基岩面上的桩基计算如图7.3-1所示。

当地面或局部冲刷线处作用单位剪力，即$H_0 = 1$时，地面或冲刷线处桩基产生的水平位移采用式(7.3-4)计算，如图7.3-2所示。

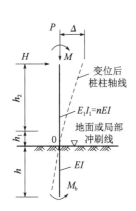 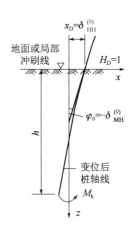

图 7.3-1　摩擦桩、端承桩计算图示　　图 7.3-2　作用单位剪力桩基水平位移计算图

$$\delta_{\mathrm{HH}}^{(0)} = \frac{1}{\alpha^3 EI} \times \frac{(B_3 D_4 - B_4 D_3) + k_{\mathrm{h}}(B_2 D_4 - B_4 D_2)}{(A_3 B_4 - A_4 B_3) + k_{\mathrm{h}}(A_2 B_4 - A_4 B_2)} \tag{7.3-4}$$

当地面或局部冲刷线处作用单位弯矩,即 $M_0 = 1$ 时,地面或冲刷线处桩基产生的水平位移采用式(7.3-5)计算,如图 7.3-3 所示。

$$\delta_{\mathrm{HM}}^{(0)} = \frac{1}{\alpha^3 EI} \times \frac{(B_3 C_4 - B_4 C_3) + k_{\mathrm{h}}(B_2 C_4 - B_4 C_2)}{(A_3 B_4 - A_4 B_3) + k_{\mathrm{h}}(A_2 B_4 - A_4 B_2)} \tag{7.3-5}$$

桩顶自由、桩底嵌固在基岩中的桩基计算如图 7.3-4 所示。

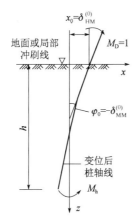 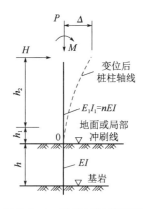

图 7.3-3　作用单位弯矩桩基水平位移计算图示　　图 7.3-4　嵌岩桩计算图示

当地面或局部冲刷线处作用单位剪力,即 $H_0 = 1$ 时,地面或冲刷线处桩基产生的水平位移计算采用式(7.3-6),如图 7.3-5 所示。

$$\delta_{\mathrm{HH}}^{(0)} = \frac{1}{\alpha^3 EI} \times \frac{B_2 D_1 - B_1 D_2}{A_2 B_1 - A_1 B_2} \tag{7.3-6}$$

当地面或局部冲刷线处作用单位弯矩,即 $M_0=1$ 时,地面或冲刷线处桩基产生的水平位移计算采用式(7.3-7),如图 7.3-6 所示。

$$\delta_{\text{HM}}^{(0)} = \frac{1}{\alpha^3 EI} \times \frac{B_2 C_1 - B_1 C_2}{A_2 B_1 - A_1 B_2} \quad (7.3-7)$$

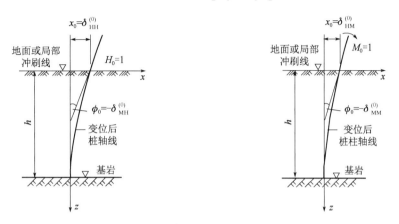

图 7.3-5　作用单位剪力桩基水平位移计算图示　图 7.3-6　作用单位弯矩桩基水平位移计算图

其中,A_i、B_i、C_i、D_i 的值,可根据 αh 的值查《公路桥涵地基与基础设计规范》(JTG 3363—2019)中的表 L.0.8 得到;k_h 为桩端转动地面土体产生的抗力对桩基水平位移的影响系数,$k_h = \frac{G_0}{\alpha E} \times \frac{I_0}{I}$。当桩底置于非岩类土且 $\alpha h \geq 2.5$,或者置于基岩上且 $\alpha h \geq 3.5$ 时,$k_h = 0$,C_0 按照《公路桥涵地基与基础设计规范》(JTG 3363—2019)中的第 L.0.2 条确定,I、I_0 分别为地面或局部冲刷线以下桩截面和桩端截面惯性矩。

已知桩顶的作用力 H,便可求得地面或者冲刷线处的位移 s。通过试算,算出地面或冲刷线处桩基位移达到限制时的水平力,即为桩基的水平承载力。

7.3.2　桥梁基础冲刷承载力影响分析

桥梁基础的冲刷将对基础的竖向承载力和水平承载力产生很大的影响,冲刷使得基础周围土体减少,基础的承载力将下降。

对于扩大基础,由于在设计时不考虑四周土体的摩擦力和弹性抗力,所以扩大基础的冲刷对按《规范》计算的承载力不会有影响,但实际周围土体对扩大基础将产生抵抗作用,所以,冲刷将会降低扩大基础的实际承载力。

冲刷过程中桩基础承受桥梁上部结构传来的恒荷载、活荷载、波浪荷载、交通冲击荷载以及风和地震等动力荷载,冲刷过程中对桩基础的作用实际是动态的。

研究桥梁桩基的冲刷问题时,由于冲刷过程的复杂性等原因,常简化冲刷深度。现有研究中,大多将冲刷深度简化为河床退化、桩周上部无支承长度的增加,亦即移除所假定冲刷范围内的整个土层。

以往研究桩基冲刷承载性状变化机理时,一般认为冲刷过程中水平荷载对于桩基的负面影响是主要的,研究大多集中在受冲刷桩的水平响应方面,忽略了其竖向承载性状的变化机制。

桩基冲刷见图7.3-7,为了研究冲刷深度对摩擦桩承载力的影响,分别取冲刷深度为0m、2m、4m、6m、8m、10m、12m、14m、16m、18m、20m进行竖向承载力和水平承载力计算(图7.3-8)。桩基的地质情况见表7.3-1。

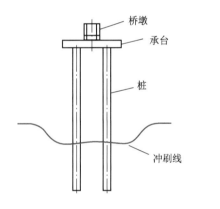 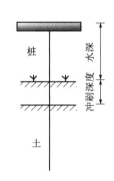

图 7.3-7　桩基冲刷示意图　　图 7.3-8　桩基冲刷深度计算

桩位处地质情况　　　　　　　　　　表 7.3-1

土层号	土层描述	土层底高程(m)
②-2d3-4	粉砂	-9.96
②-3d2-3	粉细砂	-16.76
②-3d2	粉细砂	-26.46
②-4d1	粉细砂	-39.06
②-4d(z)1	中砂	-41.06
②-4d1	粉细砂	-48.46
②-4e1-2	圆砾	-52.26

续上表

土层号	土层描述	土层底高程(m)
②-4de1	中砂	-58.46
②-4de2	含砾中粗砂	-79.16
K2c-2c	强风化粉砂岩	-82.86
K2c-3c	中风化粉砂岩	-114.72

桩基顶部高程为-4.72m,桩底高程为-114.72m,桩长为110m。地面高程为-5m,桩基直径为2.8m。采用C35,桩基配筋见图7.3-9。

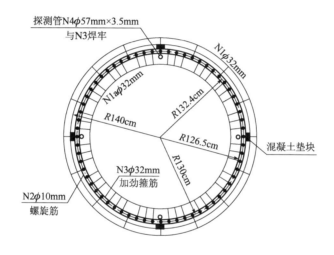

图 7.3-9 桩基配筋图

(1)冲刷对摩擦桩竖向承载力的影响

当冲刷深度分别为 0m、2m、4m、6m、8m、10m、12m、14m、16m、18m、20m 时,可以计算得到埋置桩基的各土层厚度,然后根据式(7.3-1)计算得到各冲刷深度对应的桩基竖向承载力。

冲刷深度对桩基竖向承载力影响的计算结果见表7.3-2,从表中可以看出,随着冲刷深度的增大,桩基的竖向承载力在减小,竖向承载力随冲刷深度变化曲线见图7.3-10。

冲刷深度对桩基竖向承载力的影响　　表 7.3-2

冲刷深度(m)	0	2	4	6	8	10	12	14	16	18	20
竖向承载力(10^5kN)	4.35	4.32	4.30	4.27	4.24	4.22	4.19	4.15	4.12	4.09	4.05

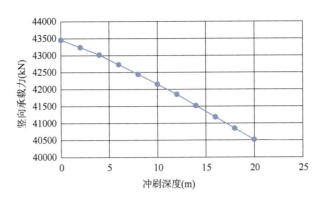

图 7.3-10 竖向承载力随冲刷深度变化曲线

当冲刷深度为 0 时竖向承载力系数为 1,随着冲刷深度的变化,桩基的竖向承载力系数在减小(表 7.3-3)。竖向承载力系数随冲刷深度变化曲线见图 7.3-11。

冲刷深度对桩基竖向承载力系数的影响　　　　表 7.3-3

冲刷深度(m)	0	2	4	6	8	10	12	14	16	18	20
竖向承载力系数	1.00	1.00	0.99	0.98	0.98	0.97	0.96	0.96	0.95	0.94	0.93

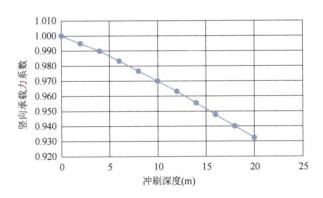

图 7.3-11 竖向承载力系数随冲刷深度变化曲线

从竖向承载力和承载力系数计算结果可以看出,随着冲刷深度的增加,桩基的竖向承载力逐渐减小,且减小的速率逐渐增大。

对竖向承载力 V 与冲刷深度 h 进行二次拟合,竖向承载力系数与冲刷深度拟合曲线见图 7.3-12,拟合得到的二次曲线为:$V = 1 - 0.00266h - 0.000038h^2$。

(2)冲刷对摩擦桩水平承载力的影响

地基土的水平抗力系数的比例系数 $m = 3.5 \times 10^6 \mathrm{N \cdot m}$,冲刷主要使得桩基的埋置深度减小,即伸出土体的长度增大,桩基的水平承载力将降低。

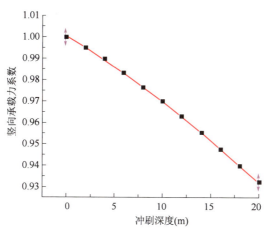

图 7.3-12　竖向承载力系数-冲刷深度拟合曲线

采用 $EI=0.8E_cI=8.33\times10^{10}\mathrm{N\cdot m^2}$，$b_1=0.9\times(2.8+1)=3.42\mathrm{m}$，$\alpha=\sqrt[5]{\dfrac{mb_1}{EI}}=0.17$ 数值进行试算，得到不同冲刷深度的冲刷线处桩基的水平位移为 10mm 时，对应的桩顶水平力即为对应的水平承载力（表 7.3-4），水平承载力随冲刷深度变化曲线见图 7.3-13。从图表可以看出，随着冲刷深度的变化，桩基的水平承载力逐渐减小。

冲刷深度对桩基水平承载力的影响　　　　　　表 7.3-4

冲刷深度(m)	0	2	4	6	8	10	12	14	16	18	20
横向承载力(kN)	1370	1130	960	835	740	660	600	550	508	469	435

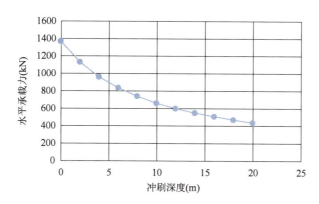

图 7.3-13　水平承载力随冲刷深度变化曲线

当河床没有冲刷时，水平承载力系数为 1，随着冲刷深度的变化，桩基的水平承载力系数变化见表 7.3-5，水平承载力系数随冲刷深度变化曲线见图 7.3-14。

冲刷深度对桩基水平承载力系数的影响　　　　表 7.3-5

冲刷深度(m)	0	2	4	6	8	10	12	14	16	18	20
横向承载力系数	1.00	0.83	0.70	0.61	0.54	0.48	0.44	0.40	0.37	0.34	0.32

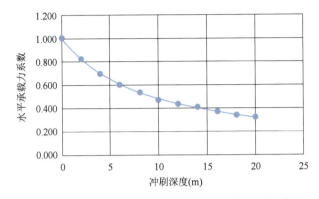

图 7.3-14　水平承载力系数随冲刷深度变化曲线

计算结果表明,随着冲刷深度的增加,桩基的水平承载力逐渐减小,且减小的速率逐渐减小。冲刷深度对水平承载力的影响大于对竖向承载力的影响。对水平承载力 H 与冲刷深度 h 进行二次拟合,水平承载力系数与冲刷深度拟合曲线见图 7.3-15,得到拟合公式:$H = 0.9643 - 0.066h + 0.0017h^2$。

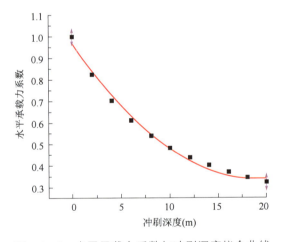

图 7.3-15　水平承载力系数与冲刷深度拟合曲线

桥墩基础冲刷后,竖向和横向承载力都会明显减小。桥梁运行期间,承载力的减小会导致一定的安全运行风险。

7.3.3　桥墩基础冲刷风险评估方法

桥梁基础冲刷引起桥梁桩基础周围的土体流失,形成冲刷坑,引起应力释放,导致基础在水平方向和竖直方向上的承载力大大降低,从而使桩基结构破坏,造成较大的安全事故。桥梁基础冲刷安全评估,主要考虑桩基冲刷后对承载力的影响。

桩基础承载力是受多种设计参数协同影响的因变量。由于设计参数本身的不确定性,其测量或取值是呈概率分布的随机变量。例如,桥墩处洋流流速和水深受季风、涨落潮影响,海床泥沙中值粒径受取样点位置和样本数量影响。因此,桩基础的承载力受设计参数随机性影响,也成为一个具有随机性、呈概率分布的随机变量。针对承载力失效发生的概率来描述桩基承载力的风险,从而反映桥墩基础冲刷风险,冲刷深度越深,承载力失效发生概率越高,即其风险越高。

由于冲刷改变桩基埋置深度,引起桩侧土约束降低,则桩基础容许承载力可认为是与局部冲刷深度有关的函数,考虑影响局部冲刷深度的因素(桥墩处流速、海床泥沙中值粒径、桥墩处水深等)的不确定性,桩基础容许承载力也具有随机变量的性质。

若给定该桩基础的荷载效应需求,则承载力储备为基础容许承载力与荷载效应需求之差,当承载力储备大于 0 时桩基础是安全的。由于基础容许承载力的不确定性,基础承载力储备也成为具有一定概率分布的随机变量。

考虑上述随机变量的不确定性,计算出承载力储备小于 0 时的概率,即为桩基础的失效风险。

将桩受到的冲刷深度与基础的极限承载力结合,可以得到桩基础的极限承载力随冲刷深度发展的趋势。定义分配到桩基础承受的承载能力极限状态下的荷载 S,基础抵抗荷载的能力即承载力 R。为保证结构安全,应保证 $R \geqslant S$,考虑冲刷深度 H 的增加会导致基础承载力 R 降低,则将 $R = S$ 时对应的基础承载力称为极限承载力 R_{cr},此时对应的冲刷深度为 H_{cr}。

由于桩基础在设计时主要以竖向承载力作为设计控制,设计时一般留有一定的承载力储备,且一般基础承载力的设计储备 R_{CB} 约为容许承载力 $[R_a]$ 的 10%。冲刷后桩基承载力储备 $R_{HC} = [R_a]_{cj} - 0.9[R_a]$,对于基础承载力状态的分级评估分为 5 级,分别对应冲刷深度导致基础承载力的储备降为设计储备的 70%、40%、10% 和 0 以下。按照冲刷区土层基本均匀一致考虑,对应的冲刷深

度 $H=0.3H_{cr}$, $H=0.6H_{cr}$, $H=0.9H_{cr}$, $H=H_{cr}$。表 7.3-6 为桥墩冲刷与基础承载力评价标准。

桥墩冲刷与基础承载力评价标准　　　　　　　　表 7.3-6

冲刷后桩基承载力储备	冲刷深度(m)	损失等级
$R_{HC}>70\%R_{CB}$	$H<30\%H_{cr}$	Ⅰ 轻微
$40\%R_{CB}<R_{HC}\leqslant70\%R_{CB}$	$30\%H_{cr}<H\leqslant60\%H_{cr}$	Ⅱ 较大
$10\%R_{CB}<R_{HC}\leqslant40\%R_{CB}$	$60\%H_{cr}<H\leqslant90\%H_{cr}$	Ⅲ 严重
$0<R_{HC}\leqslant10\%R_{CB}$	$90\%H_{cr}<H\leqslant H_{cr}$	Ⅳ 很严重
$R_{HC}<0$	$H>H_{cr}$	Ⅴ 灾难性

根据桥梁运行期基础冲刷影响承载力减小,影响到桥梁安全运行,特将桥梁基础冲刷安全风险等级分为四级,并提出相应的预警级别和应对措施(表 7.3-7)。针对岛桥段桥梁设计标准,结合设计冲刷深度,确定了岛桥段桥墩基础冲刷安全风险等级对应的预警级别及应对措施(表 7.3-8)。

桥梁基础冲刷风险等级对应的预警级别及应对措施　　　　　　　　表 7.3-7

风险等级	接受准则	预警等级	应对措施
一般风险-Ⅰ级	$H<60\%H_{cr}$	四级预警-Ⅳ级	注意监测
较大风险-Ⅱ级	$60\%H_{cr}\leqslant H<90\%H_{cr}$	三级预警-Ⅲ级	注意监测,采用一定的防护措施
重大风险-Ⅲ级	$90\%H_{cr}\leqslant H<H_{cr}$	二级预警-Ⅱ级	采用桩基周围工程保护措施,并进行河床防护
特大风险-Ⅳ级	$H\geqslant H_{cr}$	一级预警-Ⅰ级	在工程保护措施的基础上,对桩基础采取直接防护,对河床进行防护

岛桥段桥墩基础冲刷安全风险等级对应的预警级别及应对措施　　　　　　　　表 7.3-8

风险等级	接受准则	预警等级	应对措施
一般风险-Ⅰ级	$H<7.13$	四级预警-Ⅳ级	注意监测
较大风险-Ⅱ级	$7.13\leqslant H<10.69$	三级预警-Ⅲ级	注意监测,采用一定的防护措施
重大风险-Ⅲ级	$10.69\leqslant H<11.88$	二级预警-Ⅱ级	采用桩基周围工程保护措施,并进行河床防护
特大风险-Ⅳ级	$H\geqslant11.88$	一级预警-Ⅰ级	在工程保护措施的基础上,对桩基础采取直接防护,对河床进行防护

7.4 本章小结

本章采用物理模型试验的方法对港珠澳大桥典型桥墩基础进行了局部冲刷仿真模拟研究,在对现有桥墩基础冲刷深度计算公式进行分析的基础上,采用多元回归方法,利用试验数据,构建了适用于港珠澳大桥的桥墩基础局部冲刷最大深度的表达式,并利用其他学者的港珠澳大桥桥墩基础局部冲刷试验数据对公式进行验证,结果表明构建的公式对桥区桥墩基础冲刷适用性良好,可以快速预报桥梁运营期各种动力条件下桥墩基础冲刷的深度。此外,针对岛桥段桥梁设计标准,结合设计冲刷深度,确定了岛桥段桥墩基础冲刷安全风险等级对应的预警级别及应对措施。

本章参考文献

[1] 易仁彦.桥梁坍塌事故的原因和风险分析[J].养护与管理,2016(4):22-26.

[2] 高正荣,黄键维,卢中一.长江河口跨江大桥桥墩局部冲刷及防护研究[M].北京:海洋出版社,2005.

[3] Chaudhry M H. Open channel Flow[M]. Springer Verlag,2007.

[4] 陆雪骏.长江感潮河段桥墩冲刷研究[D].上海:华东师范大学,2016.

[5] 李德镍.石白港码头引桥桥墩周围的局部冲刷及分析[J].海洋工程,1989(3):74-84.

[6] 杨程生,高正荣,唐晓春.感潮河段大型桥梁营运期水下地形监测研究[J].人民长江,2016,47(14):51-55.

[7] 韩海骞.潮流作用下桥墩局部冲刷研究[D].杭州:浙江大学,2006.

[8] 刘谨,刘芳亮,冯良平,等.某跨海大桥桥墩基础冲刷试验研究[J].公路,2012(10):61-65.

[9] 卢中一,高正荣,杨程生.大型沉井基础施工过程中局部冲刷试验研究[C]//第十四届中国海洋(岸)工程学术讨论会论文集(下册).北京:海洋出版社,

2009:1139-1146.

[10] 韦雁机,叶银灿,吴珂,等.桩周局部冲刷三维数值模拟[J].海洋工程,2009,27(4):61-66.

[11] 贠鹏.桥墩局部冲刷的数值模拟研究[D].青岛:中海海洋大学,2012.

[12] 卢中一,高正荣,黄建维,等.墩基局部冲刷中潮流与单向水流的试验比较[C]//第七届全国水动力学学术会议暨第十九届全国水动力学研讨会文集(下册).海洋出版社,2005:271-278.

[13] 高正荣,卢中一,周益人,等.港珠澳大桥主体工程初步设计冲刷与防护技术研究试验专题研究报告 桥墩局部冲刷试验[R].南京:南京水利科学研究院,2009.

[14] 高祥宇,周伟,李书亮,等.港珠澳大桥青州航道桥桥墩基础冲刷试验研究[J].海洋工程,2022,40(4):26-43.

[15] 高正荣,周益人.青岛海湾大桥一期工程施工图阶段桥梁基础局部冲刷试验研究[R].南京:南京水利科学研究院,2000.

[16] 彭可可,F. Necati. Catbas,万志勇.桥梁工程设计的综合安全风险评估法研究[J].华东交通大学学报,2013,30(4):7-13.

[17] 阮欣.桥梁工程风险评估体系及关键问题研究[D].上海:同济大学,2006.

[18] 王俊,孙楠楠.桥梁全寿命周期风险评估方法研究[J].福建质量管理,2017(21),185.

[19] 张冬冬.桥梁工程设计施工安全风险评估及管理措施[J].交通世界,2020(7):130-131.

[20] 朱利明,钱思沁,陈沁宇,等.役桥梁垮塌风险评估及预防策略[J].南京工业大学学报(自然科学版),2020,42(3):284-290.

[21] 黄代勇,吴俊.对桥梁桩基冲刷安全性评估和防治的探讨[C]//2006年铁路桥梁水文及病害调查整治经验学术交流会,2006.

[22] 高祥宇,高正荣,卢中一.海域岛隧结合区水流结构和沉管沉放过程水流力试验研究[J].水科学进展,2019,30(6):854-862.

[23] 杨宇航,杨靖,舒子健,等.中美规范桥墩局部冲刷计算公式对比研究[J].工程建设与设计,2021(11):41-43.

[24] 周玉利,王亚玲.桥墩局部冲刷深度的预测[J].西安公路交通大学学报,1999(04):48-50.

[25] 王晨阳,张华庆.往复流不同入射角条件下跨海大桥桥墩局部冲刷研究[J].水道港口,2014,35(02):112-117.

CHAPTER 8 | 第 8 章

人工岛评估系统

基于港珠澳大桥管理局智联平台研发了人工岛评估系统。该系统具有海洋水文观测数据的实时显示和统计功能,根据现场监测数据和模型仿真数据对岛体稳定能力、防淹没能力和抗冲刷能力进行实时评估,并将评估结果及时传递到智能维养系统进行综合评定。人工岛评估系统是检测监测、模型仿真和评估预警技术的落地应用和示范。

8.1 系统概要

8.1.1 设计思想

(1)系统整体设计与分期实施相统一:在整体设计基础上,根据开发条件确定分项开发任务与分期开发方案。保证大系统开发不仅具有整体优越性,且有利于系统进行分块开发和分期实施。

(2)先进性与实用性相统一。

(3)改进完善与新建扩建相统一。

(4)业务功能体系与用户配置融合。

8.1.2 设计约束

(1)环境约束

本系统是运行在 Linux 网络环境下的浏览器/服务结构(B/S)。

服务器:CentOS 7.0-7.7。

网络:支持 TCP/IP 协议。

数据库:MySQL 5.5-5.7。

(2)健壮性约束

根据系统的特点,参照行业有关管理规定,建立健全各项系统管理办法和维护规程,设置技术保障措施,确保系统高效安全运行。

正常运行状态下,系统内保留的实时类信息的期限为:事件报警数据保留4年,其他数据3个月。

(3)功能约束

本系统的主要信息均通过图形用户界面进行展示,并且具有界面友好、美观和交互性好的特点,可为用户提供可视化信息及其数据统计。

8.1.3 功能边界

人工岛评估系统为港珠澳大桥智联平台的子系统,用于人工岛的适应性评估。系统菜单包含 4 部分,分别为"首页""水文要素""专项评估"和"专项汇总",见图 8.1-1,其中"首页"页面展示了东、西人工岛的数据模型建模效果,"水文要素"页面展示 4 号平台的主要水文要素,并统计其特征值,"专项评估"菜单为人工岛的自适应评估内容,评估页面包括岛体沉降、堤前冲刷和堤顶越浪三个主要部分,针对三个专项按照相应的评判标准进行评估,"专项汇总"页面则是汇总了三个专项的评估结果,并将评估结果输送给智能维养系统,为人工岛整体评估和预警提供支撑。

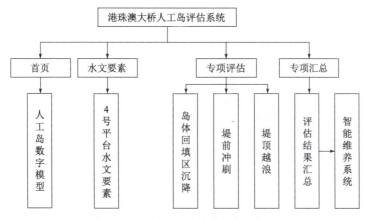

图 8.1-1 人工岛评估系统框架结构

人工岛系统评估流程见图 8.1-2,分为一般评定和适应性评定,一般评定由智能维养系统评定,适应性评定由人工岛评估系统评定,评定结果汇总给智能维养系统,形成最终评定结果。

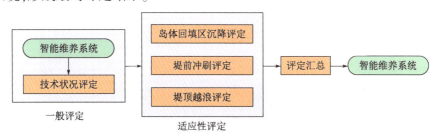

图 8.1-2 人工岛系统评估流程

8.1.4 数据来源

根据人工岛评估系统的评估内容,输入数据包括水文要素、岛体沉降值、堤顶越浪量和堤前冲刷值。

(1)水文要素

水文要素从港珠澳大桥海洋实时水文监测站 4 号平台获取,见图 8.1-3,位于青州桥西北侧,距大桥直线距离约 130m。在人工岛评估系统中,在水文要素展示页面,相关的数据包括潮位、潮流、波浪、风和浊度。

图 8.1-3　4 号平台水文监测站

(2)岛体沉降值

岛体沉降专项评估通过在人工岛岛体的关键部位安装 GPS 或北斗测点,以测点的空间位移监测数据为依据,判断人工岛的总体稳定能力。目前,港珠澳大桥的东、西人工岛上各安装有 2 个 GPS 监测点,监测点位置见图 8.1-4。后续岛上将会安装多个北斗监测点,提高岛体空间位移的监测精度。

a)西人工岛

图　8.1-4

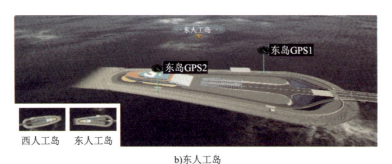

b)东人工岛

图 8.1-4　人工岛 GPS 安装位置图

(3) 堤前冲刷

在东、西人工岛周边共布置了 155 个分析目标点,其中西人工岛周边布置 76 个点,东人工岛周边布置 79 个点,各人工岛周边目标点分内、外环两部分,分别距离人工岛挡浪墙约 80m 和 150m,见图 8.1-5。该部分数据由中船重工集团第七二二研究所(以下简称七二二所)无人船扫测获得,七二二所通过无人船扫测地形数据插值到人工岛周边分析目标点,并将目标点水深输入数据库。

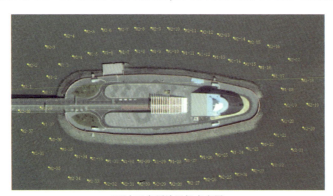

a)西人工岛周边目标点布置

b)东人工岛周边目标点布置

图 8.1-5　人工岛周边水深目标点布置位置图

(4) 堤顶越浪

通过堤顶越浪量公式进行计算,根据公式结构,输入数据包括水文要素和挡浪墙、护面结构等参数,其中水文要素接入4号平台水文监测数据,包括潮位、波高和波周期等物理量,挡浪墙、护面结构等参数从设计图纸中获得。

8.1.5 评估标准

本系统针对岛体回填区沉降、堤前冲刷和堤顶越浪进行三个专项评估,各专项共分5级,评估标准见表8.1-1～表8.1-3。

岛体回填区沉降评定分级标准　　　　　表8.1-1

分级	评定分级标准	
	定性及定量描述	分项状况值
1级	基本无沉降,累计沉降<0.2m	0
2级	无明显沉降,0.2m≤累计沉降<0.3m	1
3级	有明显沉降,0.3m≤累计沉降<0.5m	2
4级	沉降较大,累计沉降≥0.5m,日平均沉降<2mm	3
5级	沉降严重,累计沉降≥0.5m,日平均沉降≥2mm	4

堤前冲刷评定分级标准　　　　　表8.1-2

分级	评定分级标准	
	定性描述	分项状况值
1级	堤前局部冲刷深度<3.0m,海床冲刷较小	0
2级	3m≤堤前局部冲刷深度<6m,海床整体稳定	1
3级	6m≤堤前局部冲刷深度<9m,影响堤身局部稳定	2
4级	9m≤堤前局部冲刷深度<12m,影响堤身整体稳定	3
5级	堤前局部冲刷深度≥12m,严重影响堤身整体稳定	4

堤顶越浪评定分级标准　　　　　表8.1-3

分级	评定分级标准	
	定性及定量描述	分项状况值
1级	护岸无浪花上溅或越浪	0
2级	护岸顶部有少许浪花上溅,护岸沿程局部最大的单宽平均越浪量小于0.00001$m^3/(m \cdot s)$	1
3级	护岸顶部有少许越浪,护岸沿程局部最大的单宽平均越浪量介于0.00001～0.005$m^3/(m \cdot s)$之间	2

续上表

分级	评定分级标准	
	定性及定量描述	分项状况值
4级	护岸顶部有明显越浪,护岸沿程局部最大的单宽平均越浪量介于 $0.005 \sim 0.015 m^3/(m \cdot s)$ 之间	3
5级	护岸顶部有大量越浪,护岸沿程局部最大的单宽平均越浪量大于 $0.015 m^3/(m \cdot s)$	4

8.2 系统首页

"首页"页面通过调用数据模型 3dtiles 接口及显示组件,显示人工岛的数据模型,通过 3dtiles 接口对模型进行交互操作,见图 8.2-1 和图 8.2-2。

图 8.2-1　东人工岛数据模型

图 8.2-2　西人工岛数据模型

8.3 水文要素

"水文要素"页面通过接口获取港珠澳大桥智联平台数据库中的4号平台水文数据,在展示主要水文数据的同时,亦为后续的专项评估提供基础输入数据。展示的水文数据包括:潮位、潮流、波浪、风、浊度。该页面根据展示的时间段(可选择),统计相关物理量的特征值,包括最高水位、最低水位、最大流速、平均流速、最大浊度、平均浊度、最大波高、平均波高、最大风速、平均风速,及其极值出现的时间,见图 8.3-1 ~ 图 8.3-3。

图 8.3-1 "水文要素"页面整体布局

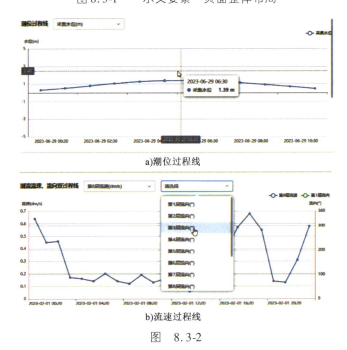

a)潮位过程线

b)流速过程线

图 8.3-2

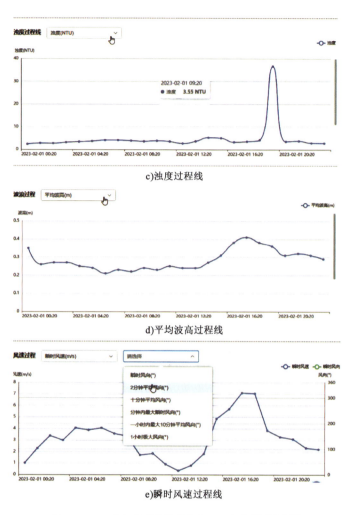

c)浊度过程线

d)平均波高过程线

e)瞬时风速过程线

图 8.3-2 "水文要素"页面——水文数据过程

特征值统计				极值时间
最高水位	1.42	最低水位	-0.02	2023-02-01 18:20
最大流速	0.68	平均流速	0.28	2023-02-01 18:20
最大浊度	36.64	平均浊度	4.90	2023-02-01 19:20
最大波高	0.41	平均波高	0.28	2023-02-01 17:20
最大风速	7.1	平均风速	3.14	2023-02-01 17:20

图 8.3-3 "水文要素"页面——物理量统计

8.4 专项评估

8.4.1 岛体回填区沉降

通过 API 接口获取智联平台数据中心的 GPS 数据，获取东、西人工岛岛体回填区的沉降值，在展示页面通过曲线和数据统计两种形式展示结果。GPS 观测点目前东岛和西岛各两处，位置见 8.1.4 节，根据 GPS 观测点沉降数据统计东、西人工岛的累计沉降和日均沉降，根据相关的评定标准评定东、西人工岛岛体回填区的技术状况，见图 8.4-1 与图 8.4-2。

图 8.4-1　岛体回填区状况评估页面——沉降过程展示

图 8.4-2　岛体回填区状况评估页面——技术评定

8.4.2 堤前冲刷

通过读取七二二所插值后的东西人工岛周边 80m、150m 的 155 个评价点水深数据,在展示页面中展示堤前地形,无数据或数据异常值系统自动滤波。堤前海床地形展示形式分为"水深信息"和"冲刷评估"两种形式展示,其中"水深信息"为各评价点历次测图的水深值展示,可通过选取任意评价点,展示当前评价点的水深过程,并统计历史测图的最大、最小水深值以及出现时间,见图 8.4-3。"冲刷评估"针对最新地形测图资料,根据东、西人工岛竣工后的测图地形,统计各评价点的冲刷值。对于西人工岛,冲刷值 $\Delta h = h_{m1} - h_0$(h_{m1} 为西岛某点的实测水深值,h_0 为西岛竣工后的测图水深值);对于东人工岛,冲刷值 $\Delta h = h_{m2} - h_1$(h_{m2} 为东岛某点的实测水深值,h_1 为东岛竣工后的测图水深值)。各评价点的冲刷值在页面中通过不同颜色进行显示,并统计不同冲刷级的冲刷面积和比例,绘制东西人工岛所有评价点的冲刷值柱状图,根据堤前冲刷评价标准,对堤前冲刷程度进行技术状况评定,见图 8.4-4 与图 8.4-5。

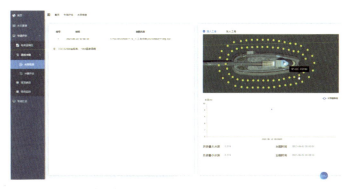

图 8.4-3 堤前冲刷评估页面——水深信息

图 8.4-4 西人工岛堤前冲刷评估页面——冲刷评估

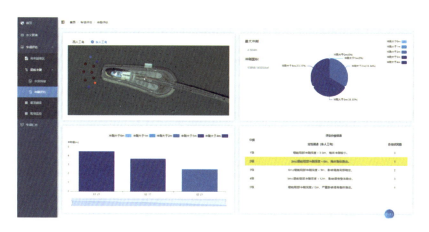

图 8.4-5　东人工岛堤前冲刷评估页面——冲刷评估

8.4.3　堤顶越浪

波浪爬高及堤顶越浪量的计算公式见第 4 章，采用 4 号平台的水文数据作为水文输入条件，包括潮位、波高和波周期，输入大桥人工岛的挡浪墙、护岸块体等结构参数，根据公式可计算得出当前时间的东、西人工岛的波浪爬高和越浪量，亦可根据历史水文数据，计算历史波浪爬高和越浪量，结合评定标准，对堤顶越浪进行技术状况评定，见图 8.4-6 和图 8.4-7。由于东、西人工岛安装了视频监控系统，因此该页面链接了部分可监视挡浪墙和护岸块体的监控视频，见图 8.4-8。

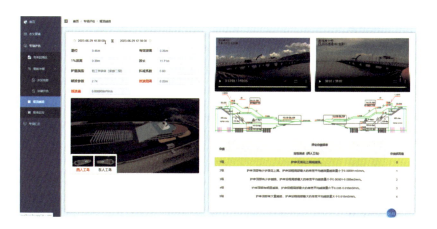

图 8.4-6　堤前越浪评估页面——越浪量计算

图 8.4-7　堤前越浪评估页面——历史数据计算

图 8.4-8　堤前越浪评估页面——现场监控

8.5　专项汇总

将东岛和西岛专项评估的三项评估结果进行汇总,见图 8.5-1,给出岛体回填区、堤顶越浪、堤前冲刷的评估级别和技术状况描述,并反馈给智能维养系统。当岛体回填区、堤顶越浪、堤前冲刷的任意一项评级级别达到 4 级,则触发告警功能,即一票否决功能,并将告警部位反馈给应急管理系统。

图 8.5-1　人工岛专项汇总页面

8.6　本章小结

本章基于人工岛适应性评定理论方法和技术体系,研发了集海洋水文动力要素、环境荷载仿真、在线评估、实时预警于一体的桥隧人工岛评估系统,实现了人工岛检测、仿真、评估与预警等多模块的集成与联动,是港珠澳大桥智能维养系统的重要组成部分。

CHAPTER 9 | 第 9 章

成果与展望

9.1 主要成果

本书以港珠澳大桥人工岛为例,重点论述跨海交通人工岛的水下监测检测、模型仿真和评估预警技术。在人工岛及水下结构的检测手段、环境荷载重构、评估理论方法和系统应用等方面,通过采用智能化技术提高了人工岛在运维阶段的技术水平。取得的主要创新成果如下:

(1)在海洋水文环境监测方面,具有成熟的观测方法和仪器设备,但针对离岸式定点长期观测平台,缺少观测数据实时传输的软件系统。本书介绍的海洋水文环境观测系统,可长期监测桥区海洋水文要素并捕捉极端天气条件的风、浪、流信息,填补了大桥运维阶段桥区海洋水文要素实时监测的空白,提高了大桥应急救灾的响应效率。

(2)在对海洋工程的波浪、潮流和泥沙输移模拟方面技术相对成熟,而在跨海交通设施环境荷载计算方面可以使用的成熟计算公式相对较少。本书通过大量的现场观测数据和系列模型试验结果,提出了跨海交通设施水下结构岛桥段波流力、桥墩基础冲刷和人工岛越浪、海床冲刷等环境荷载推算的成套计算公式,提高了环境荷载仿真模拟的效率,为人工岛水下结构的荷载重构和快速评估提供了技术支撑。

(3)相对于跨海桥梁,在跨海交通人工岛评估方面缺少成熟的理论方法和技术体系,相应的技术规范和数据标准更是空白,难以完成人工岛的技术状况评估工作。本书首次提出了跨海交通人工岛评估的理论方法和技术体系,编制了人工岛评定数据标准,为人工岛评定提供技术规范和数据标准。人工岛评定标准将人工岛评估内容分为技术状况评定和适应性评定两大类,这为桥岛隧一体化评估奠定了基础条件。

(4)在海洋环境模拟和人工岛结构演变方面,存在一些成熟的商业化软件,但缺少针对人工岛智能仿真和评估预警一体化的软件系统,难以完成跨海交通人工岛的高效仿真和评估预警任务。本书研发了集海洋环境观测、荷载重构、智能仿真、在线评估和预警功能于一体的人工岛评估系统,提高了人工岛智能仿真和评估预警的效率。

(5)在智能化技术应用方面,海洋水文观测系统使用了5G传输技术,提高了监测数据信号传输的速率。人工岛的沉降监测使用了"5G+北斗"技术,提高了人工岛岛体沉降和水平位移监测数据的精度。人工岛评定标准对重要评定指标进行了量化,为快速评定提供了条件。人工岛结构、检测和评定数据标准提高了人工岛建模、检测和评估环节的数据管理效率。研发的人工岛智能评估系统,打通了人工岛在监测、仿真和评估、预警模块的数据链条,提高了人工岛智能化运维的技术水平。

9.2 展望

人工岛作为跨海交通设施的重要组成部分,承担着海上桥梁和海底隧道衔接转换的重要功能,港珠澳大桥人工岛开创了国内桥岛隧集群设施应用的先例。人工岛处在外海海域,受海洋风、浪、流等动力环境因素影响突出,海洋地质环境复杂,在人工岛运营维护过程中将面临自然和人类活动等多方因素的影响和威胁。为保障岛上桥梁和隧道段的结构稳定和岛上道路的正常使用,跨海交通人工岛要比普通人工岛在结构安全稳定方面的要求要高。因此,提高监测/检测、仿真预测和评估预警技术水平对于人工岛在运维期的正常使用显得十分重要。本书虽然已经展示了大量的研究工作,但在人工岛运维技术方面仍然有很大的发展空间。

人工岛的监测方法和设备相对较少,特别缺少针对人工岛水下部分高精度的实时监测的方法和设备。与桥梁评定相比,人工岛评定研究起步相对较晚,没有成熟的评定理论方法和技术体系,更是缺少相应的技术规范。同时,人工岛在长期监测过程中会产生大量的数据,针对海量数据进行筛选、处理和挖掘分析,找到其中的特征规律将是后期维护面临的一个难题。此外,如何使用智能化设备和技术来提高人工岛检测和评估效率,也有待研究。基于以上种种问题,本书提出了一定的解决办法,但这些办法还未经过实践检验。只有经过实践的检验,才能真正提高人工岛的智能化检测和评估技术水平。希望有志于人工岛研究的学者和读者提出更好的问题和解决办法,为人工岛工程的发展做出更大贡献。

索　引

B

波陡 ··· 121
波浪爬高 ··· 013
波流力 ·· 004

D

岛体稳定性 ··· 066
地基沉降 ··· 004

H

海洋动力 ··· 003
护岸结构 ··· 009

J

技术状况 ··· 003

P

评估系统 ··· 003

Q

桥墩冲刷 ··· 157

R

人工岛 ·· 002
人工岛评定 ··· 002

S

数字化模型 …………………………………………………… 018
水下地形 ……………………………………………………… 004

W

物理模型 ……………………………………………………… 112

Y

元数据 ………………………………………………………… 019
越浪量 ………………………………………………………… 013

Z

智能化检测 …………………………………………………… 004